T0128089

essentials

essentials liefern aktuelles Wissen in konzentrierter Form. Die Essenz dessen, worauf es als „State-of-the-Art" in der gegenwärtigen Fachdiskussion oder in der Praxis ankommt. *essentials* informieren schnell, unkompliziert und verständlich

- als Einführung in ein aktuelles Thema aus Ihrem Fachgebiet
- als Einstieg in ein für Sie noch unbekanntes Themenfeld
- als Einblick, um zum Thema mitreden zu können

Die Bücher in elektronischer und gedruckter Form bringen das Expertenwissen von Springer-Fachautoren kompakt zur Darstellung. Sie sind besonders für die Nutzung als eBook auf Tablet-PCs, eBook-Readern und Smartphones geeignet. *essentials:* Wissensbausteine aus den Wirtschafts-, Sozial- und Geisteswissenschaften, aus Technik und Naturwissenschaften sowie aus Medizin, Psychologie und Gesundheitsberufen. Von renommierten Autoren aller Springer-Verlagsmarken.

Weitere Bände in der Reihe http://www.springer.com/series/13088

Thomas Lauterbach

Radioastronomie

Grundlagen, Technik und
Beobachtungsmöglichkeiten kleiner
Radioteleskope

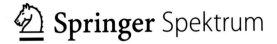 Springer Spektrum

Thomas Lauterbach
Nürnberg, Deutschland

Nr. 8 der Schriftenreihe der Nürnberger Astronomischen Gesellschaft

NÜRNBERGER
ASTRONOMISCHE GESELLSCHAFT

ISSN 2197-6708   ISSN 2197-6716   (electronic)
essentials
ISBN 978-3-658-31414-9   ISBN 978-3-658-31415-6   (eBook)
https://doi.org/10.1007/978-3-658-31415-6

Die Deutsche Nationalbibliothek verzeichnet diese Publikation in der Deutschen Nationalbibliografie; detaillierte bibliografische Daten sind im Internet über http://dnb.d-nb.de abrufbar.

Planung/Lektorat: Lisa Edelhäuser
Springer Spektrum ist ein Imprint der eingetragenen Gesellschaft Springer Fachmedien Wiesbaden GmbH und ist ein Teil von Springer Nature.
Die Anschrift der Gesellschaft ist: Abraham-Lincoln-Str. 46, 65189 Wiesbaden, Germany

Was Sie in diesem *essential* finden können

- Einen kurzen Abriss der Geschichte der Radioastronomie und ihrer Entdeckungen von den ersten Signalen kosmischen Ursprungs bis zur Abbildung eines Schwarzen Lochs
- Einen Überblick über elektromagnetische Wellen und die damit zusammenhängenden physikalischen Größen
- Einen Überblick über Ursprung und Eigenschaften der kosmischen Radiostrahlung
- Wie ein Radioteleskop funktioniert und wie man die Messungen damit auswertet
- Beispiele für typische Beobachtungen, die man mit einem kleinen Radioteleskop machen kann
- Einen Ausblick auf die Interferometrie, aktuelle Forschungsthemen der Radioastronomie und wie man selbst in die Radioastronomie einsteigen kann

Vorwort

Radioastronomie ist ein faszinierendes Forschungsgebiet – das erste Bild eines Schwarzen Lochs, die Aufklärung der Spiralstruktur der Milchstraße, die Entdeckung der kosmischen Hintergrundstrahlung, die erste indirekte Beobachtung von Gravitationswellen sind nur einige der spektakulären Entdeckungen, die mit Radioteleskopen gemacht wurden. Aus diesem Grund entschloss sich die Nürnberger Astronomische Gesellschaft e. V. (NAG) eine Fachgruppe unter der Leitung des Autors einzurichten, um ein Radioteleskop auf der Nürnberger Regiomontanus-Sternwarte zu errichten und damit der Öffentlichkeit auch Einblicke in dieses Gebiet der Astronomie geben zu können.

Anders als für die klassische Astronomie mit dem Blick durchs Teleskop haben Menschen keine Sinne für die Radiostrahlung – und daraus resultiert die Schwierigkeit, die Grundlagen der Radioastronomie zu verstehen und ihre Messungen zu interpretieren. Und einfach macht es uns dieser Gegenstand nicht – sind doch neben astronomischen und physikalischen Kenntnissen auch solche der Hochfrequenztechnik und der digitalen Signalverarbeitung erforderlich. Diesen Herausforderungen hat sich die Fachgruppe mit Erfolg gestellt: In monatlichen Seminaren wurden die notwendigen Kenntnisse erarbeitet, ein Konzept für ein Radioteleskop entwickelt und in Vorversuchen erprobt. Schließlich konnte am 26. April 2019 das nach dem Nobelpreisträger Arno Penzias benannte Radioteleskop feierlich eingeweiht werden.

Die seither wiederholt veranstalteten Radioastronomie-Führungen stießen auf erfreulich großes Interesse, wodurch sich als neue Herausforderung die Frage nach der Didaktik der Radioastronomie stellte. Präsentationen wurden erarbeitet und beispielhafte Messungen sowie deren Erklärung vorbereitet. Doch die Frage manchen Besuchers, ob man das alles auch irgendwo nachlesen könne, musste abschlägig beschieden werden, sind doch Bücher über Radioastronomie nur auf Englisch und nur auf universitärem Niveau verfügbar. Dies gab den Anstoß für dieses einführende Buch auf Deutsch. Viele, die beginnen, sich mit Radio-astronomie zu beschäftigen, sei es an Hochschulen, Schulen, Sternwarten oder auch aus persönlicher Neigung, werden dies mit vergleichsweise bescheidenen Radioteleskopen tun – mit Spiegeldurchmessern von einigen Metern. Neben den Grundlagen der Radioastronomie sind es die Technik und die Beobachtungs-möglichkeiten solcher „kleiner" Radioteleskope, die den Schwerpunkt dieses Buches bilden. Die radioastronomische Grundlagenforschung und die Technik der „großen" Radioteleskope können nur gestreift werden. Ebenso musste auch auf die ausführliche Erklärung mancher Fachbegriffe verzichtet werden. Sie wurden trotzdem verwendet, mit vorgestelltem „sog.", um sie der Leserin/dem Leser nicht vorzuenthalten und sie/ihn dazu anzuregen, mithilfe der angegebenen weiterführenden Literatur oder des Internets tiefer in die Materie einzudringen.

Mein besonderer Dank gilt den Mitgliedern der Fachgruppe Radioastronomie der NAG sowie den Studierenden der Technischen Hochschule Nürnberg Georg Simon Ohm, die Projektarbeiten im Umfeld des Aufbaus des Radioteleskops bearbeitet haben. Ohne ihre Begeisterungsfähigkeit, ihr Engagement, ihre Fach-kenntnisse und ihren Fleiß wären weder das Radioteleskop noch dieses Buch entstanden. Weiterhin danke ich dem Vorstand der NAG für die kontinuierliche enthusiastische Unterstützung sowie der Zukunftsstiftung der Sparkasse Nürnberg für die finanzielle Förderung des Projekts „Radioteleskop". Nicht zuletzt sei dem Verlag und Frau Dr. Edelhäuser als Lektorin mein Dank für viele Hinweise und die angenehme Zusammenarbeit ausgesprochen.

Allen Leserinnen und Lesern wünsche ich viel Freude bei ihrem Einstieg in das Thema Radioastronomie und interessante Erkenntnisse!

Thomas Lauterbach

Inhaltsverzeichnis

Einführung: Was ist Radioastronomie? 1

1.1 Die Entwicklung der Astronomie bis zum 19. Jahrhundert

Die Astronomie ist eine der ältesten Wissenschaften, denn schon immer haben die Menschen die Geschehnisse am Himmel, die Bewegung der Sonne, des Mondes und der Sterne, beobachtet und zu verstehen und zu deuten versucht.

Die europäische Tradition der Astronomie beruht auf den Erkenntnissen der griechischen Philosophen. Viele grundlegende Tatsachen wie die Kugelgestalt und Größe der Erde, die Bewegung des Mondes um die Erde und die der Erde um die Sonne waren ihnen bereits bekannt. Prägend für lange Zeit war das astronomische Wissen, das *Claudius Ptolemäus* in seinem Werk „Almagest" im 2. Jahrhundert n. Chr. zusammengestellt hatte, allerdings auf der Basis des geozentrischen Systems.

Das heliozentrische Weltbild wurde erst im 16. Jahrhundert von *Nicolaus Copernicus* neu formuliert. Da er aber an kreisförmigen Planetenbahnen um die Sonne festhielt, blieb der große Erfolg aus. Erst *Johannes Kepler,* der zeigen konnte, dass die Planetenbahnen Ellipsen sind, konnte die Planetenpositionen korrekt berechnen.

Etwa zur gleichen Zeit wurde das Teleskop als Hilfsmittel für astronomische Beobachtungen verfügbar. Bekannt geworden sind vor allem die Entdeckungen *Galileo Galileis,* der als einer der ersten ein Teleskop zur Himmelsbeobachtungen einsetzte und ab 1609 u. a. die vier großen Jupitermonde, die Mondkrater und -gebirge sowie die Phasen der Venus entdeckte.

In der Folgezeit entwickelte sich sowohl die Leistungsfähigkeit der Teleskope als auch die der mathematischen Methoden der Himmelsmechanik weiter, insbesondere nach der Formulierung der Axiome der Mechanik durch *Isaac Newton.*

© Der/die Herausgeber bzw. der/die Autor(en), exklusiv lizenziert durch Springer Fachmedien Wiesbaden GmbH, ein Teil von Springer Nature 2020
T. Lauterbach, *Radioastronomie,* essentials,
https://doi.org/10.1007/978-3-658-31415-6_1

Weitere Beobachtungsmöglichkeiten ergaben sich erst durch die Fortschritte der Naturwissenschaft und Technik im 19. Jahrhundert, als eine Reihe von Entdeckungen auf dem Gebiet der Elektrizität und des Magnetismus gemacht wurden. In diesem Zusammenhang wurden die elektromagnetischen Wellen entdeckt, deren Anwendung zur Funkübertragung und schließlich zur Radioastronomie führten.

1.2 Elektromagnetische Wellen und Funktechnik

James Clerk Maxwell legte 1864 eine Theorie vor, die alle Erscheinungen des Elektromagnetismus wie z. B. die magnetische Wirkung von elektrischen Strömen und die elektromagnetische Induktion umfasste (Poppe 2015). Aus dieser Theorie ergab sich auf mathematischem Weg, dass sich elektrische und magnetische Felder als „elektromagnetische Welle" ausbreiten können (siehe Kap. 2).

Da ihre berechnete Geschwindigkeit mit der für das Licht gemessenen Geschwindigkeit von etwa 300.000 km/s übereinstimmte, lag die Interpretation nahe, dass es sich bei Licht um eine elektromagnetische Welle handelt. Die Erzeugung und der Nachweis elektromagnetischer Wellen auf elektrischem Weg gelang *Heinrich Hertz* 1888. Er verwendete dazu Dipole, d. h., zwei Stäbe mit einem Spalt dazwischen. Über dem Spalt des Sendedipols legte er eine hohe Spannung an, sodass ein Funkenüberschlag entstand. Am Spalt eines zweiten Dipols konnte er beobachten, dass auch dort ein Funke übersprang, wenn er von der Welle des ersten Dipols getroffen wurde. Damit war die Theorie *Maxwells* bestätigt.

Bald danach begann *Guglielmo Marconi* in Italien und England mit ähnlichen Sendern und Empfängern zu experimentieren. Er konnte die Reichweite der Übertragung auf mehrere Kilometer vergrößern. Da der Sender mit Funkenüberschlägen arbeitete und zunächst nur Morsezeichen übertragen werden konnte, wurde dieses Verfahren als Funk(en)telegrafie bezeichnet. Auch heute spricht man deshalb im Deutschen noch von **Funk**technik, Rund**funk** und Mobil**funk.** Im Englischen steht der vom Sender ausgehende Strahl (radio, vom lat. radius) im Vordergrund, daraus resultiert auch der Begriff „radio astronomy", der im Deutschen zur „Radioastronomie" wurde.

Die weitere Entwicklung der Funktechnik konzentrierte sich auf den Langwellenbereich mit Wellenlängen von mehreren Kilometern, da dort Übersee-Funktelegrafie möglich war. In den USA hatten sich auch nicht-kommerzielle Amateurfunkstationen etabliert. Diesen war nach dem ersten Weltkrieg die Verwendung von Langwellen nicht mehr möglich, sodass sie begannen, mit kürzeren

Wellenlängen zu experimentieren. Schließlich gelang es 1921, ein Signal bei einer Wellenlänge von 230 m über den Atlantik zu senden, obwohl die stärkste Amateurstation „1BCG" in Greenwich, Ct., USA weniger als ein Hundertstel der Sendeleistung eines kommerziellen Langwellensenders hatte.

Nach diesem Erfolg und durch die Verfügbarkeit von neuen elektronischen Bauelementen wie Elektronenröhren und Schwingquarzen etablierte sich die Funktechnik im Kurzwellen-Bereich bis etwa 10 m Wellenlänge (30 MHz). Da die Wellen bei der Kurzwellenübertragung von leitfähigen Schichten der oberen Atmosphäre (Ionosphäre) in bis zu 400 km Höhe reflektiert werden, wurden dafür Antennen eingesetzt, die die Wellen schräg nach oben bündeln konnten bzw. auch von schräg oben empfangen konnten.

Bis zum Ende der 1920er Jahre war die Kurzwellentechnik soweit fortgeschritten, dass sie außer für die Funktelegrafie auch für die Übertragung von Übersee-Telefongesprächen und -Rundfunksendungen eingesetzt werden konnte.

1.3   Karl Jansky und Grote Reber – Der Beginn der Radioastronomie

Bei der Kurzwellen-Telefonübertragung traten jedoch immer wieder Störungen durch starkes Rauschen und Knack- und Zischgeräusche auf. Bei der US-amerikanischen Bell – Telefongesellschaft wurde deshalb nach den Ursachen dieser Störungen geforscht. Dafür baute *Karl Guthe Jansky* einen empfindlichen Empfänger auf, mit dem er den Rauschpegel aufzeichnen konnte, ebenso eine Richtantenne, die sich in 20 Minuten einmal im Kreis drehte (Abb. 1.1). Die Messungen erfolgten bei einer Wellenlänge von 14,6 m (20,5 MHz). Es stellte sich rasch heraus, dass die meisten Störungen durch Gewitter verursacht wurden. *Jansky* beobachtete aber auch ein zischendes Geräusch, das regelmäßig wiederkehrte und im Lauf eines Tages aus unterschiedlichen Richtungen einfiel. Durch wiederholte Messungen im Lauf eines Jahres kam er zu dem Schluss, dass dieses Signal eine extraterrestrische Ursache haben musste, da die Zeiten, zu denen es auftrat, und die Richtung, aus der es kam, mit der Bewegung einer Region im Sternbild Schütze am Himmel zusammenfielen. Diese Schlussfolgerung veröffentlichte *Jansky* im Jahr 1933 (Nesti 2019). Er hatte damit das neue Gebiet der Radioastronomie begründet, auch wenn er sich selbst nicht weiter damit beschäftigte.

Durch die Veröffentlichungen *Janskys,* über die die „New York Times" sogar auf ihrer Titelseite berichtet hatte, wurde *Grote Reber,* ein Funkamateur und Amateurastronom, auf das Thema aufmerksam. Er baute 1937 als erster ein Radioteleskop auf, d. h. eine Empfangsanlage, die dediziert dafür gebaut war, um

Abb. 1.1   Karl G. Jansky und seine drehbare Richtantenne. (Credit: NRAO/AUI/NSF)

Signale aus dem Kosmos zu empfangen. Als Antenne wählte er einen Typ, der bis heute für die Radioastronomie prägend ist: einen Parabol-Reflektor von etwa 9 m Durchmesser mit dem Empfänger im Brennpunkt (Abb. 1.2). Damit durchmusterte *Reber* den Himmel und veröffentlichte 1944 eine Radiokarte bei einer Wellenlänge von 1,9 m (160 MHz).

1.4   Die weitere Entwicklung der Radioastronomie

Durch die rasante Entwicklung der Funk- und Radartechnik während des zweiten Weltkriegs wurde ab 1945 die Radioastronomie ein rasch wachsender Wissenschaftszweig, der wichtige Beiträge zum Verständnis des Universums lieferte und bis heute liefert (Kraus 1964; Mezger 1984). Nach der starken Emission der Sonne, die bereits durch Störungen von Radargeräten während des Krieges aufgefallen war, wurden eine Reihe von Radioquellen in der Milchstraße und

Abb. 1.2 *Grote Rebers* 31-Fuß-Radioteleskop in Wheaton, Illinois, USA, etwa 20 km westlich von Chicago. (Credit: NRAO/AUI/NSF)

außerhalb davon identifiziert. Seit 1948 etablierten sich die Begriffe „Radioastronomie" und „Radioteleskop" (Algeo und Algeo 1993, S. 124, 136).

Ein Meilenstein waren 1951 die ersten erfolgreichen Messungen der 21-cm-Strahlung des neutralen Wasserstoffs aus Gaswolken in der Milchstraße durch *Harold Ewen* und *Edward Purcell* an der Harvard-Universität (Abb. 1.3) und durch eine niederländische Forschergruppe (Stephan 1999). Diese Strahlung war bereits 1945 durch *Hendrik van de Hulst* vorhergesagt worden. Damit konnten nun nicht mehr nur heiße Gase, die sichtbares Licht ausstrahlen,

Abb. 1.3 *Harold Ewen* inspiziert die Horn-Antenne, mit der er 1951 die 21-cm-Strahlung des neutralen Wasserstoffs zum ersten Mal messen konnte. (Credit: NRAO/AUI/NSF)

beobachtet werden, sondern auch sehr dünne und kühle Wasserstoffgebiete in den Milchstraßenarmen, in denen nur etwa 1 Atom pro cm^3 vorhanden ist. Mithilfe der Dopplerverschiebung dieser Strahlung konnte die Spiralstruktur der Milchstraße und die gegenseitige Bewegung der Milchstraßenarme erkannt werden (siehe Abschn. 4.3). Im selben Jahr wurde die Radioquelle „Cygnus A" als eine etwa 800 Mio. Lichtjahre weit entfernte Galaxie identifiziert.

Abb. 1.4 Robert Wilson und Arno Penzias vor der Horn-Antenne in Holmdel, N.J., USA, mit der sie 1964 die kosmische Hintergrundstrahlung entdeckt hatten. (Reused with permission of Nokia Corporation and AT&T Archives)

Weitere Entdeckungen verschiedener galaktischer und extragalaktischer Radioquellen folgten, als immer größere feststehende und teilweise oder vollständig bewegliche Radioteleskope gebaut wurden, viele davon mit parabolischen Reflektoren von 80 bis 100 m Durchmesser (z. B. Jodrell Bank, Stockert, Effelsberg, Green Bank, Parkes), bei stationären Anlagen sogar bis zu 600 m Durchmesser (Arecibo, FAST, RATAN-600). Auch der Empfangsbereich wurde zu immer höheren Frequenzen ausgedehnt (z. B. ALMA), aber auch zum langwelligen Ende des Radiofensters (LOFAR).

Mit dem Arecibo-Radioteleskop wurden auch Radar-Messungen der Entfernungen zu den Nachbarplaneten, insbesondere der Venus, durchgeführt. Damit konnte die sog. Astronomische Einheit, der mittlere Abstand der Erde von der Sonne, genau bestimmt werden – und damit auch die Abstände aller anderen Planeten von der Sonne, da sich aus dem 3. Keplerschen Gesetz ein direkter Zusammenhang zwischen Abstand und Umlaufzeit eines Planeten ergibt. Ebenso konnten mit Radar Strukturen auf Mond und Venus erkannt werden. Auch die Temperaturen der Planetenoberflächen wurden durch ihre Radiostrahlung bestimmt.

1963 wurde die bereits vorher bekannte punktförmige Radioquelle 3C 273, von der man angenommen hatte, dass sie ein Stern ist, als eine Galaxie in 2,4 Mrd. Lichtjahren Entfernung von der Erde identifiziert. Solche Objekte werden als „quasi-stellar radio source", kurz „Quasar", bezeichnet.

Bei dem Versuch, eine für die Satellitenübertragung nicht mehr benötigte Antenne der Bell -Telefongesellschaft für radioastronomische Beobachtungen zu kalibrieren, stießen 1964 *Arno Penzias* und *Robert Wilson* (Abb. 1.4) auf ein konstantes und aus allen Richtungen gleichmäßig einfallendes Rauschen, das einer Temperaturstrahlung von 2,7 K entspricht (Bahr et al. 2014). Diese sog. kosmische Hintergrundstrahlung wurde als die Strahlung identifiziert, die entstand, als nach dem Urknall durch die Ausdehnung des Universums die

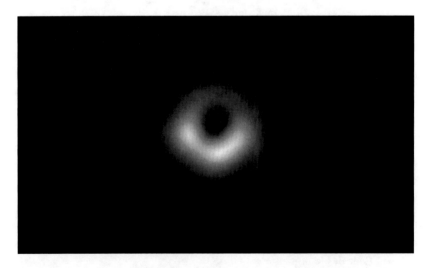

Abb. 1.5 Das aus radioastronomischen Messdaten berechnete Bild der Region um das Schwarze Loch im Zentrum der Galaxie M 87. (Credit: EHT Collaboration)

Temperatur soweit gesunken war, dass sich Atome bilden konnten. Durch die weitere Ausdehnung seither vergrößerte sich die Wellenlänge dieser ursprünglich ultravioletten Strahlung so weit, dass sie heute im Mikrowellenbereich liegt. *Jocelyn Bell* und *Antony Hewish* entdeckten 1967 eine schnell pulsierende Radioquelle, die in Analogie zu Quasaren als „Pulsar" bezeichnet wurde. Es stellte sich heraus, dass diese pulsierende Radiostrahlung durch einen schnell rotierenden Neutronenstern emittiert wird, wie er nach der Explosion eines Sterns großer Masse entsteht. Durch Beobachtung der Bahnveränderung eines Doppelpulsars konnten *Russell Hulse* und *Joseph Taylor* auf radioastronomischem Weg bereits 1978 indirekt die Abstrahlung von Gravitationswellen nachweisen, die erst seit 2016 mit den LIGO-Detektoren direkt beobachtet werden können.

In jüngster Zeit machte die Radioastronomie Schlagzeilen mit der ersten direkten Abbildung eines Schwarzen Lochs durch das „Event Horizon Telescope Project" (Bouman 2020). Hierzu wurden weltweit sieben Radioteleskope zusammen als „Very-Long-Baseline-Interferometer" (siehe Abschn. 5.1) bei einer Wellenlänge von 1,3 mm (230 GHz) betrieben. Das Auflösungsvermögen entspricht damit dem eines Radioteleskops mit dem Durchmesser der Erde. Bei dieser Wellenlänge absorbieren die Gas- und Staubwolken in den Galaxien nur wenig, sodass der zentrale Bereich beobachtet werden kann. Allerdings stören die turbulente Erdatmosphäre und Wasserdampf die Signale. Messungen sind deshalb nur mit Radioteleskopen auf hohen Bergen in klaren Nächten möglich. Aus Messungen in vier Nächten im April 2017 konnte aus einer Datenmenge von ca. 5000 Terabyte ein Bild berechnet werden, das die Umgebung um das Schwarze Loch zeigt (Abb. 1.5). Die helle Strahlung kommt von der sog. Akkretionsscheibe, in der heißes Material um das Schwarze Loch kreist. Der dunkle Bereich in der Mitte davon ist der „Schatten" um den Ereignishorizont. Aus diesem Bereich können aufgrund der Anziehungskraft des schwarzen Lochs keine elektromagnetischen Wellen entweichen. Er hat etwa die Größe unseres Sonnensystems.

1.5 Das Arno-Penzias-Radioteleskop Nürnberg

Als Beispiel für ein kleines Radioteleskop, das vor allem Ausbildungs- und Demonstrationszwecken dient, sei hier das im Jahr 2019 auf der Nürnberger Regiomontanus-Sternwarte eingeweihte Arno-Penzias-Radioteleskop vorgestellt. Die Details zur Technik eines Radioteleskops werden in Kap. 3 erläutert, Messungen damit in Kap. 4 vorgestellt.

Bei der Planung stellte sich die Frage, welche radioastronomischen Beobachtungen auf einer Volkssternwarte mit breitem Zielpublikum vorgeführt werden können. Die 21-cm-Wasserstoffstrahlung schien dafür am besten geeignet, da sie zum einen mit moderatem apparativem Aufwand detektierbar ist, zum anderen interessante Einblicke in die Struktur der Milchstraße vermittelt und an aktuelle Forschungsfragen wie die nach der „dunklen Materie" heranführt. Hierfür ist ein Radioteleskop mit einer 3-m-Parabolantenne gut geeignet. Die Planung stützte sich deshalb auf das Konzept des „Small Radio Telescope" des MIT Haystack Observatory, das einen Gitterspiegel mit einem Antennenrotor für Azimut und Elevation vorsieht. Dieser wurde auf einem umlegbaren Mast montiert, als Basis dafür und als Betriebsgebäude dient ein kleiner Bürocontainer, in dem die Empfangselektronik untergebracht ist (Abb. 1.6). Die komplette Signalverarbeitung

Abb. 1.6 Das Arno-Penzias-Radioteleskop, das von der Nürnberger Astronomischen Gesellschaft e. V. auf der Nürnberger Regiomontanus-Sternwarte aufgebaut wurde. Die kleine 1,5-m-Antenne vorne rechts dient als Erprobungsträger. (Foto: Thomas Lauterbach)

sowie die Auswertung und Darstellung der empfangenen Signale erfolgen digital
auf einem PC, ebenso wie die Bedienung des Antennenrotors und die Konfiguration
der Messungen. Über eine Internet-Verbindung kann dies auch aus der Ferne
geschehen, sodass Vorführungen außer im Vortragssaal der Sternwarte auch z. B.
im Nicolaus-Copernicus-Planetarium der Stadt Nürnberg und in Schulen und Hochschulen möglich sind.

Zusammenfassung

Bis ins 20. Jahrhundert war die Astronomie auf optische Beobachtungen
angewiesen, erst die Nutzung der elektromagnetischen Wellen durch die Funktechnik ermöglichte die Ausweitung der Beobachtungen auf andere Frequenzbereiche: Die Radioastronomie führte zur Entdeckung zahlreicher kosmischer
Radioquellen, der 21-cm-Strahlung des Wasserstoffs, der kosmischen Hintergrundstrahlung, von Quasaren und Pulsaren. Moderne interferometrische
Methoden und Datenverarbeitung ermöglichen spektakuläre Darstellungen,
z. B. die eines Schwarzen Lochs.

Was sind elektromagnetische Wellen? 2

2.1 Grundlegende Eigenschaften elektromagnetischer Wellen

Bei elektromagnetischen Wellen breiten sich elektrische und magnetische Felder gemeinsam aus. Abb. 2.1 zeigt eine Momentaufnahme einer ebenen Welle. Die Wellenlänge ist der Abstand zwischen zwei Punkten der Welle mit gleichen Eigenschaften, z. B. zwischen zwei aufeinanderfolgenden Wellenbergen. Die Frequenz gibt an, wie oft z. B. ein Wellenberg an einem festen Ort vorbeikommt, wenn sich die Welle ausbreitet. Die Frequenzeinheit ist nach *Heinrich Hertz* benannt: bei einer Frequenz von 1 Hertz (Hz) wird ein Wellenberg pro Sekunde beobachtet. Der zeitliche Abstand der Wellenberge ist die Periodendauer $T = 1/f$. Da sich die Welle während der Periodendauer gerade um eine Wellenlänge weiterbewegt, ergibt sich der Zusammenhang zwischen der Ausbreitungsgeschwindigkeit c (Lichtgeschwindigkeit, im Vakuum $3 \cdot 10^8$ m/s), der Wellenlänge λ und der Frequenz f zu:

$$c = \frac{\lambda}{T} = \lambda \cdot f. \qquad \text{(Gl. 2.1)}$$

Beispiel

Die in der Radioastronomie häufig beobachtete Frequenz von 1420,4 MHz entspricht einer Wellenlänge von 21,106 cm. ◄

© Der/die Herausgeber bzw. der/die Autor(en), exklusiv lizenziert durch Springer Fachmedien Wiesbaden GmbH, ein Teil von Springer Nature 2020
T. Lauterbach, *Radioastronomie*, essentials,
https://doi.org/10.1007/978-3-658-31415-6_2

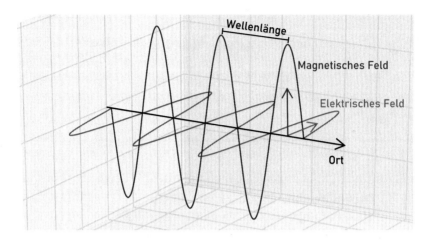

Abb. 2.1 Beispiel für den räumlichen Verlauf der Felder bei einer harmonischen linear polarisierten ebenen elektromagnetischen Welle (Momentaufnahme)

Wenn bei einer Welle, wie in Abb. 2.1 gezeigt, die Feldstärken jeweils in einer festen Ebene schwingen, spricht man von einer linear polarisierten Welle. Wenn sich die Felder im Verlauf der Ausbreitung um die Achse in Richtung der Ausbreitung drehen, ist die Welle zirkular oder elliptisch polarisiert.

2.2   Das Spektrum der elektromagnetischen Wellen

Das heute nutzbare Spektrum, d. h. der Frequenz- bzw. Wellenlängenbereich der elektromagnetischen Wellen reicht von wenigen Hertz bis zu über 10^{18} Hz. Abb. 2.2 zeigt die verschiedenen Frequenzbereiche beginnend bei den Radiowellen, die für vielfältige Anwendungen wie z. B. Fernsehen, Mobiltelefon, und Radar genutzt werden. Die Frequenzen dafür liegen zwischen wenigen Kilohertz (10^3 Hz) und 300 Gigahertz (10^9 Hz). Im THz (10^{12} Hz)-Bereich arbeiten beispielsweise Körperscanner an Flughäfen. Für all diese elektromagnetischen Wellen haben wir Menschen keine Sinnesorgane. Erst die Wärmestrahlung an der Grenze zum sichtbaren Licht können wir auf unserer Haut spüren und das sichtbare Licht (um $6 \cdot 10^{14}$ Hz) mit den Augen wahrnehmen. Im Ultraviolett-, Röntgen- und Gammastrahlungsbereich ist die Energie der Strahlung so groß, dass Atome und Moleküle in ihre Bestandteile zerlegt werden können (ionisierende Strahlung). Dadurch können chemisch aktive Substanzen entstehen, die z. B. Krebs auslösen können.

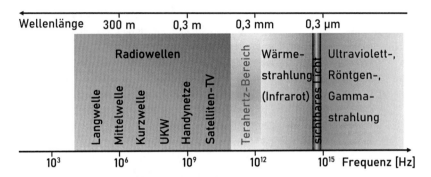

Abb. 2.2 Das elektromagnetische Spektrum

Dies hängt damit zusammen, dass die Energie der elektromagnetischen Wellen nicht kontinuierlich, sondern quantisiert ist: Ein Quant (Photon) trägt bei der Frequenz f die Energie $E = \text{h} \cdot f$ und kann immer nur als Ganzes emittiert oder absorbiert werden (h bezeichnet die Plancksche Konstante, $\text{h} = 6{,}63 \cdot 10^{-34}$ J·s). Quantenenergien werden häufig in der Einheit „Elektronenvolt" (eV) angegeben. 1 eV ist die Energie, die ein Elektron beim Durchlaufen einer Spannung von 1 V gewinnt ($1{,}6 \cdot 10^{-19}$ J).

Beispiel

1 eV wird bei $2{,}4 \cdot 10^{14}$ Hz im nahen infraroten Bereich erreicht, bei violettem Licht etwa 3 eV, Röntgen- und Gammaquanten haben Energien im keV- und MeV-Bereich. Im Bereich der Radiowellen liegen die Quantenenergien bei µeV, z. B. 5,8 µeV bei 1,4 GHz. ◄

2.3   Welche elektromagnetischen Wellen sind für die Radioastronomie nutzbar?

Die elektromagnetischen Wellen benötigen keine Trägersubstanz, deshalb können sie sich auch durch das Vakuum und durch das fast ebenso leere Weltall ausbreiten. Daher können wir mit ihnen Informationen über kosmische Objekte erhalten.

Allerdings ist die Erde von ihrer Atmosphäre umgeben, und deshalb ist von der Erdoberfläche aus nicht das gesamte Spektrum der elektromagnetischen Wellen für astronomische Beobachtungen nutzbar. Vielmehr gibt es nur zwei „Fenster" ins Weltall: das „optische Fenster" im Bereich des sichtbaren Lichts und das „Radio-

fenster" (Abb. 2.3). Im Frequenzbereich unterhalb etwa 30 MHz ist die Ionosphäre, die aus elektrisch geladenen Luftschichten in Höhen von 60 bis 400 km
besteht, für elektromagnetische Wellen undurchlässig. Bei Frequenzen zwischen
etwa 300 GHz und dem Infrarotbereich absorbieren zahlreiche Moleküle wie
Wasser, Kohlendioxid und Methan die Wellen. Dieser dämpfende Einfluss der Erdatmosphäre macht sich bereits am kurzwelligen Ende des Radiofensters bemerkbar. Radioteleskope für Wellenlängen im mm-Bereich werden deshalb auf hohen
Bergen betrieben. Nur im sichtbaren Bereich ist die Atmosphäre bei klarem
Himmel wieder durchlässig und kann für astronomische Beobachtungen genutzt
werden. Im Gegensatz zum optischen Bereich ist die Streuung der Wellen durch
die Atmosphäre wegen der größeren Wellenlänge in weiten Teilen des Radiofensters so gering, dass auch tagsüber beobachtet werden kann.

Eine weitere Problematik stellt die starke Nutzung des Radiobereichs durch
Funk, Radar usw. dar. Für die Radioastronomie sind deshalb einige Frequenzbereiche reserviert, in denen nicht gesendet werden darf, z. B. der Bereich 1400–
1427 MHz, in dem die Strahlung des neutralen Wasserstoffs beobachtet werden
kann. In anderen Frequenzbereichen ist vielfach kein störungsfreier Empfang
möglich. Radioteleskope werden deshalb oft an abgelegenen Orten gebaut, wo
wenig Funkverkehr herrscht. Durch Funkaussendungen von Satelliten kann es
aber auch dort zu Beeinträchtigungen des Empfangs kommen. Immerhin hätte
schon das Signal eines Mobiltelefons auf dem Mond eine Intensität auf der Erde,
die der von kosmischen Radioquellen vergleichbar ist. Als idealer Standort für ein
Radioteleskop wird deshalb die stets von der Erde abgewandte Mondrückseite
angesehen.

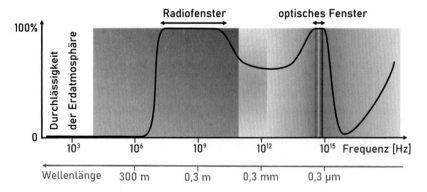

Abb. 2.3 Die Durchlässigkeit der Erdatmosphäre für elektromagnetische Wellen
(schematisch)

2.4 Physikalische Größen elektromagnetischer Wellen

Um eine kontinuierliche elektromagnetische Welle wie in Abb. 2.1 dargestellt zu charakterisieren, genügt die Angabe der Wellenlänge oder Frequenz, der Polarisationsrichtung und des Maximalwerts der elektrischen oder magnetischen Feldstärke. Die beiden Feldstärken sind über den sog. Wellenwiderstand des Vakuums $Z_0 = 377\,\Omega$ verknüpft: $E_{max} = Z_0 \cdot H_{max}$. Meist wird die Intensität S der Welle angegeben, dies ist die Leistung, die über ein geeignetes Zeitintervall τ gemittelt durch eine Querschnittsfläche transportiert wird. Für diese Größe werden auch die Bezeichnungen Leistungsflussdichte und Flächenleistungsdichte verwendet.

Physikalische Größen zur Charakterisierung der Stärke der elektromagnetischen Strahlung
Der Zusammenhang der Intensität S mit der elektrischen oder magnetischen Feldstärke ist quadratisch, d. h.

$$S = \frac{1}{Z_0 \tau} \int_0^\tau E(t)^2 dt = \frac{Z_0}{\tau} \int_0^\tau H(t)^2 dt \qquad \text{(Gl. 2.2)}$$

Man kann die Intensität einer Quelle leicht berechnen, wenn diese in alle Richtungen gleichmäßig insgesamt eine (mittlere) Strahlungsleistung P_S abstrahlt. Die Leistung verteilt sich dann im Abstand r auf die Kugeloberfläche $A = 4\pi r^2$ und es gilt:

$$S = \frac{P_S}{4\pi r^2} \qquad \text{(Gl. 2.3)}$$

Die Einheit der Intensität ist Watt/Meter². Da die Radiostrahlung der meisten kosmischen Quellen Rauschen entspricht, ist ihre Intensität über einen größeren Frequenzbereich verteilt. Man gibt deshalb die Intensität über ein Frequenzintervall Δf an und spricht dann von der spektralen Intensität S_f gemessen in Watt/(Meter² Hertz). Die bei der Frequenz f gemessene Intensität hängt dann von der Bandbreite B des Empfängers ab und ist gegeben durch:

$$S(f) = \int_{f-\frac{B}{2}}^{f+\frac{B}{2}} S_f(\upsilon) d\upsilon. \qquad \text{(Gl. 2.4)}$$

Häufig ist die Bandbreite B des Empfängers viel kleiner als die Frequenzskala, auf der sich die spektrale Intensität signifikant verändert, dann vereinfacht sich Gl. 2.4 zu:

$$S(f) \approx S_f(f) \cdot B \qquad \text{(Gl. 2.5)}$$

Aus Gl. 2.3 ergibt sich, dass die Intensitäten der kosmischen Quellen wegen der großen
Entfernung sehr gering sind, da sich bei einer Verdoppelung des Abstands zu einer Quelle
nur noch ein Viertel der Intensität ergibt usw. S_f wird deshalb in der Einheit „Jansky" (Jy)
angegeben, 1 Jy $= 10^{-26}$ W/(m^{2}Hz). Beispiele für die Stärke kosmischer Quellen finden sich
im Abschn. 2.5

Fragen

Berechnen Sie die spektrale Intensität auf der Erde, die ein Mobiltelefon (GSM)
auf dem Mond erzeugt (1 W Sendeleistung, 170 kHz Bandbreite). Mittlere Entfernung Erde-Mond: 384.000 km.
Ergebnis: 318 Jy.

2.5   Kosmische Radioquellen

Die elektromagnetische Strahlung kosmischer Objekte entsteht durch unterschiedliche physikalische Prozesse. Man unterscheidet zwischen Mechanismen,
die eine kontinuierliche Strahlung über einen größeren Frequenzbereich erzeugen
und solchen, die zu einer Strahlung nur in einem schmalen Frequenzband führen
(Linienspektrum).

2.5.1   Thermische Strahlung

Ein aus dem Alltag bekannter Prozess mit kontinuierlichem Spektrum ist die
thermische Strahlung, wie sie bei einer Glühbirne oder einer heißen Herd-
platte beobachtet werden kann. Sie wird durch das Plancksche Strahlungsgesetz
beschrieben, die zugehörige spektrale Intensität ist in Abb. 2.4 gezeigt. Für die
Berechnung wurde angenommen, dass diese aus allen Richtungen gleichmäßig
(isotrop) einfällt. Die Planck-Kurve hat ein Maximum, das von der Temperatur
der strahlenden Fläche abhängt. Bei 300 K liegt dieses im Infrarotbereich, bei
6000 K, der ungefähren Temperatur der Sonnenoberfläche, im sichtbaren Bereich.
Im Radiofenster steigt die spektrale Intensität bei thermischer Strahlung mit dem
Quadrat der Frequenz an (Rayleigh-Jeanssches Strahlungsgesetz). Deshalb kann
bei Quellen, deren Intensität bei mehreren Frequenzen gemessen wurde und die
dieses Verhalten zeigen, darauf geschlossen werden, dass deren Strahlung durch
thermische Prozesse, z. B. heiße Oberflächen oder Gase, erzeugt wird. Beispiele
für solche Quellen sind der Mond und die Planeten, deren Oberfläche durch die
Sonneneinstrahlung und ggf. innere Prozesse erwärmt werden (Abb. 2.5). Bei der

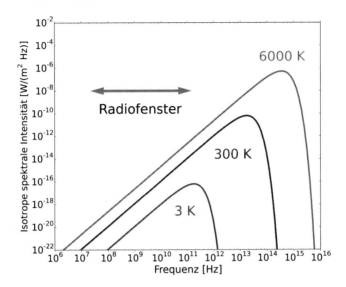

Abb. 2.4 Spektrale Intensität von thermischen Strahlern bei verschiedenen Temperaturen nach dem Planck'schen Strahlungsgesetz

thermischen Emission durch ionisierte Gase (Plasmen), wie z. B. im Orion-Nebel (Abb. 2.5), einer Wolke aus Wasserstoffgas, die durch die Strahlung eines darin befindlichen Sterns ionisiert ist, folgt der Verlauf der spektralen Intensität nur bei niedrigen Frequenzen dem Rayleigh-Jeansschen Gesetz, während sie bei höheren Frequenzen frequenzunabhängig ist.

Aus den Gesetzen der thermischen Strahlung ergibt sich die Möglichkeit zur Charakterisierung von astronomischen Radioquellen durch die Angabe ihrer sog. Strahlungstemperatur. Selbst wenn die Strahlung nicht thermisch erzeugt ist, kann man ihre spektrale Intensität zumindest in einem kleinen Frequenzintervall um die Beobachtungsfrequenz f durch die Temperatur T beschreiben, die eine thermische Quelle haben müsste, um dieselbe spektrale Intensität zu erzeugen (Burke et al. 2019, S. 71 ff.). Der Zusammenhang für eine isotrope Strahlung ergibt sich zu ($k_B = 1{,}38 \cdot 10^{-23}$ J/K ist die sog. Boltzmann-Konstante):

$$S_f = \frac{8\pi k_B T}{c^2} f^2$$

(Gl. 2.6)

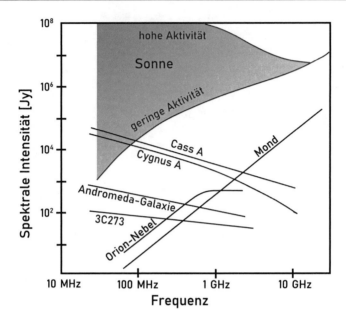

Abb. 2.5   Überblick über die spektrale Intensität einiger starker kosmischer Radio-quellen im UKW- und Mikrowellenbereich. Rot: Radiostrahlung der Sonne, dunkelblau: thermische Quellen, violett: Synchrotronstrahlung

Die Radiostrahlung der Sonne ist im Gegensatz zu der sichtbaren Strahlung, die einer Planck-Strahlung mit etwa 5770 K entspricht, bei Frequenzen unter-halb 10 GHz überwiegend nicht-thermischen Ursprungs. Insbesondere im Frequenzbereich bis zu einigen Gigahertz kommt die Strahlung überwiegend aus der Korona, einer Zone heißen ionisierten Gases (Plasmas), das die sicht-bare Sonnenscheibe umgibt. Die Größe und Stärke der Korona ist abhängig von der schwankenden Sonnenaktivität. Besonders stark wirkt sich der 11-jährige Sonnenfleckenzyklus aus: In Phasen hoher Sonnenaktivität mit zahlreichen sicht-baren Sonnenflecken kann die Radiostrahlung um bis zu 10.000-mal stärker sein als während des Aktivitätsminimums. Weiterhin werden immer wieder kurz-zeitige Strahlungsausbrüche der Sonne beobachtet, während der auch die solare Radiostrahlung stark ansteigt.

2.5.2 Nicht-thermische kontinuierliche Strahlung

Es gibt aber auch kosmische Radioquellen, bei denen die spektrale Intensität nicht mit der Frequenz zunimmt, sondern nahezu konstant ist oder sogar abnimmt. Dazu zählen die Radiogalaxien Cygnus A und 3C 273 und Supernova-Überreste wie Cassiopeia A. Die Radiostrahlung entsteht dadurch, dass Elektronen durch das Schwarze Loch im Zentrum einer Galaxie bzw. durch die Sternexplosion auf nahezu Lichtgeschwindigkeit beschleunigt werden. Wenn diese relativistischen Elektronen in ein Magnetfeld gelangen, werden sie durch die sog. Lorentzkraft abgelenkt. Dabei werden durch die sog. Synchrotronstrahlung elektromagnetische Wellen abgestrahlt. Diese Bezeichnung kommt von einem Typ von Teilchen-beschleunigern, die in der Grundlagenforschung eingesetzt werden und bei dem diese Strahlung ebenfalls auftritt. Ebenso kann die Streuung an anderen elektrisch geladenen Teilchen zu Strahlungsemission führen.

Die spektrale Intensität der Radiogalaxie 3C 273 ist nur wenig geringer als die der Andromeda-Galaxie. 3C 273 ist aber etwa 1000-mal weiter von der Erde entfernt (2,5 Mrd. Lichtjahre). Das bedeutet nach Gl. 2.3, dass die Leistung dieser Strahlungsquelle eine Million Mal stärker ist als die einer „normalen" Galaxie wie Andromeda. Noch dramatischer ist der Unterschied zwischen Cassiopeia A (Überrest einer Supernova im Jahr 1680, Entfernung 11.000 Lichtjahre), und der Radiogalaxie Cygnus A (Entfernung 760 Mio. Lichtjahre), die beide vergleichbare Intensitäten aufweisen. Hier beträgt das Entfernungsverhältnis knapp 70.000 und damit das Leistungsverhältnis fast 5 Mrd. Dies zeigt, welch gewaltigen Vorgänge sich in einer Radiogalaxie im Vergleich zur Explosion eines Sterns abspielen.

Die genauen Vorgänge in stark strahlenden Radiogalaxien sind aktueller Forschungsgegenstand (Burke et al. 2019, Kap. 16). Aus dem Bereich um ein supermassives Schwarzes Loch im Zentrum der Galaxie treten zwei stark gebündelte Materie-Strahlen (sog. Jets) in entgegengesetzter Richtung mit relativistischen Geschwindigkeiten aus. Diese treffen außerhalb der Galaxie auf das intergalaktische Medium und geben dort ihre Energie in einem großen Gebiet ab, wo auch die Radiostrahlung entsteht. Die Intensität der auf der Erde auftreffenden Strahlung hängt stark von der Orientierung der beiden Strahlungsgebiete zur Beobachtungsrichtung ab. Insgesamt zeigen aber nur etwa 1 % aller Galaxien solch starke Radiostrahlung.

2.5.3 Die 21-cm-Strahlung des neutralen Wasserstoffs

Einen völlig anderen Typ von Strahlungsquellen stellen die Linienquellen dar. Sie senden elektromagnetische Wellen nur bei ganz bestimmten Frequenzen aus oder absorbieren diese. Dabei kommt es zu einem Übergang zwischen Zuständen der Elektronen in der Atomhülle. Die Quantenenergie der ausgesandten bzw. absorbierten Strahlung entspricht dann dem Energieunterschied der Zustände. Dies soll am Beispiel der 21-cm-Strahlung des atomaren Wasserstoffs genauer erläutert werden.

Ein Wasserstoffatom besteht aus einem Proton, das den positiv geladenen Atomkern darstellt und aus einem negativ geladenen Elektron, das sich in einem Bereich darum herum befindet, da es wegen der entgegengesetzten Ladung durch das Proton angezogen wird. Die möglichen Zustände, in denen sich das Elektron befinden kann, werden quantenmechanisch durch vier Quantenzahlen beschrieben, der Hauptquantenzahl n, der Drehimpulsquantenzahl ℓ, der magnetischen Quantenzahl m und der Spinquantenzahl s. In jedem Zustand hat das Elektron eine definierte Energie, die üblicherweise als Bindungsenergie angegeben wird, d. h. als die Energie, die aufgebracht werden muss, um das Elektron aus dem entsprechenden Zustand herauszulösen und damit vom Proton zu trennen (Ionisierung). Die Bindungsenergie des Elektrons im Grundzustand des Wasserstoffatoms mit $n = 1$ liegt bei 13,6 eV. Die Quantenenergien für die Übergänge zwischen den Zuständen mit verschiedenen Hauptquantenzahlen liegen ebenfalls bei mehreren Elektronenvolt und die zugehörige Strahlung damit im ultravioletten und sichtbaren Spektralbereich (z. B. die Spektrallinien der sog. Lyman- und Balmer-Serie). Die Bindungsenergie des Grundzustands hängt aber auch von der Spinquantenzahl ab. Da außer dem Elektron auch das Proton einen Spin hat, unterscheiden sich die beiden Zustände mit paralleler und antiparalleler Spinausrichtung von Proton und Elektron um 5,88 µeV, wobei der Zustand paralleler Spins weniger stark gebunden ist. Diese Aufspaltung wird als die „Hyperfeinstruktur" des Grundzustands bezeichnet (Abb. 2.6). Beim Übergang des Elektrons aus dem weniger stark gebundenen (parallele Spins) in den stärker gebunden Zustand (antiparallele Spins) entsteht ein Strahlungsquant mit einer Frequenz von 1420,405 MHz. Da eine solche Strahlung in einem Spektrum als schmaler „Peak" erscheint, spricht man von einer Spektrallinie (Abb. 2.7).

Ob eine Wasserstoffwolke des interstellaren Mediums die 21-cm-Strahlung absorbiert oder emittiert, hängt von der Temperatur ab, auf die das Gas durch die kosmische Strahlung aufgeheizt wurde. Liegt diese so hoch, dass mehr Atome im Zustand parallelen Spins vorhanden sind, gehen diese mit einer Halbwertszeit (Zeit, bis die Hälfte der Atome den Übergang vollzogen haben) von etwa 11 Mio. Jahren allmählich in den antiparallelen Zustand über, wobei jeweils ein Strahlungsquant emittiert wird. Obwohl die interstellaren Wasserstoffwolken sehr dünn sind (ca. 1 Atom/cm^3), finden ständig solche Übergänge statt, sodass eine kontinuierliche Strahlung beobachtet werden kann.

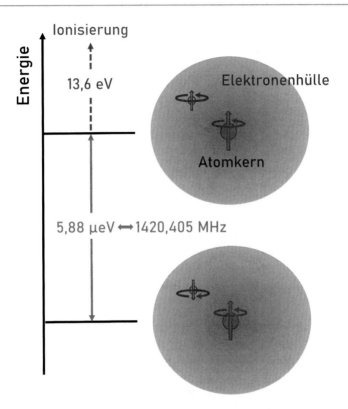

Abb. 2.6 Die Hyperfeinstrukturaufspaltung des Grundzustands durch die Wechselwirkung der Elektronenhülle mit dem Spin des Atomkerns beim Wasserstoffatom. Beim „spin flip", dem Übergang vom Zustand mit parallelen Spins zum energetisch tieferen Zustand mit antiparallelen Spins wird eine Energie von 5,88 μeV frei

Bereits bei der ersten Messung der 21-cm-Strahlung aus Gaswolken in den Milchstraßenarmen (siehe Kap. 1) stellte *Ewen* fest, dass die Strahlung nicht genau bei der Frequenz 1420,405 MHz liegt. Sie ist vielmehr um einige 100 kHz dagegen verschoben. Außerdem wird nicht eine scharfe Spektrallinie beobachtet, sondern ein mehrere zig Kilohertz breites Maximum. Beide Effekte können durch den Dopplereffekt erklärt werden (Abb. 2.7). Bewegen sich eine Quelle elektromagnetischer Strahlung und ein Empfänger aufeinander zu, so erscheint deren Frequenz zu höheren Werten verschoben. Wächst der Abstand an, so wird eine geringere Frequenz beobachtet. Dadurch, dass sich die Atome

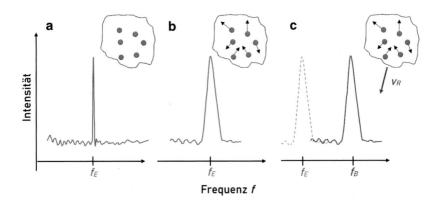

Abb. 2.7 Einfluss des Dopplereffekts auf ein Linienspektrum: **a**) Emission von Gas-atomen in Ruhe (hypothetisch), **b**) Doppler-verbreiterte Linie durch die unterschiedliche Bewegung der emittierenden Gasatome relativ zum Beobachter, **c**) Doppler-verschobene und -verbreiterte Linie durch Bewegung der emittierenden Gaswolke mit Radial-geschwindigkeit v_R relativ zum Beobachter

innerhalb einer Gaswolke in unterschiedliche Richtungen bewegen, kommt es zu einer Verbreiterung der Spektrallinie (Dopplerverbreiterung). Wenn sich zusätzlich z. B. die gesamte Gaswolke und die Erde aufeinander zu bewegen, wird diese verbreiterte Linie insgesamt bei einer höheren Frequenz beobachtet (Dopplerverschiebung). Für den Frequenzversatz ist bei nicht-relativistischen Geschwindigkeiten (<10 % der Lichtgeschwindigkeit) nur die Geschwindig-keitskomponente in der Verbindungsrichtung zwischen Quelle und Beobachter relevant, die sog. Radialgeschwindigkeit v_R. Diese wird in der Astronomie positiv angegeben, wenn sich ein Objekt von der Erde entfernt. Da der Dopplereffekt dann aber zu einer Frequenzverschiebung hin zu geringeren Frequenzen führt, ist der Zusammenhang zwischen beobachteter Frequenz f_B, emittierter Frequenz f_E und Radialgeschwindigkeit v_R gegeben durch

$$f_B = f_E \left(1 - \frac{v_R}{c}\right). \qquad \text{(Gl. 2.7)}$$

Wegen der Bewegung der Erde um die Sonne und die der Sonne um das Milchstraßenzentrum bleibt die Relativgeschwindigkeit einer weiter entfernten kosmischen Quelle im Lauf eines Jahres nicht konstant. Dies muss man beim Ver-gleich von Messungen berücksichtigen. Dazu wird die Frequenzverschiebung auf das sog. lokale Ruhesystem umgerechnet. Dies ist ein Koordinatensystem, das sich mit der mittleren Geschwindigkeit der Sterne in der Umgebung des Sonnensystems um das Milchstraßenzentrum bewegt. Umgekehrt kann man durch die Frequenzverschiebung die Eigenbewegung der Erde leicht durch radioastronomische Messungen demonstrieren. Beispiele für Messungen der 21-cm-Wasserstoffstrahlung werden in Abschn. 4.3 gezeigt.

Zusammenfassung

Elektromagnetische Strahlung wird durch Frequenz, Wellenlänge, Polarisation und (spektrale) Intensität charakterisiert.

Neben der thermischen Strahlung spielen bei kosmischen Strahlungsquellen auch nicht-thermische Prozesse wie die Synchrotronstrahlung eine wichtige Rolle. Aus der Abhängigkeit der Intensität von der Frequenz können Rückschlüsse auf die physikalische Ursache der Strahlung gezogen werden.

Daneben treten bei bestimmten Frequenzen Linien im Spektrum auf, die durch atomare Übergänge hervorgerufen werden. Die damit zusammenhängenden Effekte wurden an Hand der 21-cm-Strahlung des Wasserstoffs beschrieben.

Wie funktioniert ein Radioteleskop? 3

3.1 Die Komponenten eines Radioteleskops

Die Komponenten, die ein Radioteleskop benötigt, um die schwachen kosmischen Radioquellen zu empfangen und ihre Eigenschaften zu messen, sind in Abb. 3.1 gezeigt.

Die Empfangsantenne eines Radioteleskops hat den Zweck, einerseits den Bereich am Himmel auszuwählen, aus dem die Strahlung empfangen werden soll, und andererseits die schwachen Signale der Quellen so zu bündeln, dass sie von der nachfolgenden Elektronik weiterverarbeitet werden können. Dafür werden häufig Parabolreflektoren eingesetzt, die die einfallenden Wellen im Brennpunkt konzentrieren. Dort befindet sich der sog. Feed, die Antenne, die die Wellen in ein elektrisches Signal umwandelt. Dieses durchläuft eine Reihe von Verstärkern und Filtern. Damit wird es auf den gewünschten Frequenzbereich begrenzt und auf eine so hohe Leistung gebracht, dass es z. B. mit einem Kabel oder Hohlleiter zur Auswerteelektronik übertragen werden kann. Dort werden die Signale zur weiteren Verarbeitung digitalisiert. Da sie sehr schwach sind, müssen sie i.a. über eine längere Zeit gemittelt oder aufsummiert (integriert) werden. Je nach Ziel der Messung erfolgt dann eine Leistungsmessung oder es wird eine Frequenzanalyse durchgeführt, um den spektralen Verlauf des Signals zu erhalten. Ausgehend von diesen Daten kann dann eine Darstellung als Kurve, Karte, Bild usw. erzeugt werden (Beispiele in Kap. 4).

Im einfachsten Fall wird bei einer Parabolantenne der Feed direkt im Brennpunkt angebracht (Primärfokus-Feed). Typische Beispiele für Feeds sind je nach Frequenzbereich Dipole, ggf. mit weiteren Elementen zu einer sog. Yagi-Antenne erweitert, sowie sog. Wendel- und Hornantennen.

© Der/die Herausgeber bzw. der/die Autor(en), exklusiv lizenziert durch 27
Springer Fachmedien Wiesbaden GmbH, ein Teil von Springer Nature 2020
T. Lauterbach, *Radioastronomie*, essentials,
https://doi.org/10.1007/978-3-658-31415-6_3

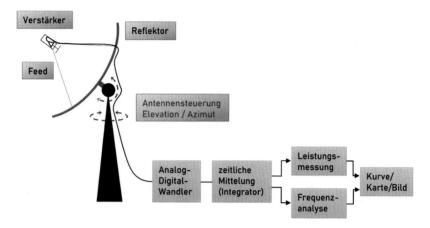

Abb. 3.1 Prinzipieller Aufbau eines Radioteleskops. Blau: Empfangsantenne mit Feed und Verstärker, grau: Signalverarbeitung, violett: Steuerung

Bei einem Radioteleskop zeigt die Antenne meist mit großer Elevation Richtung Himmel. Deshalb kann die Wärmestrahlung des darunter befindlichen Erdbodens aus dem Bereich außerhalb des Reflektors auf den Feed treffen („spillover", Abb. 3.5). Der Feed wird deshalb so konstruiert, dass er vom Rand des Parabolspiegels weniger gut empfängt als aus dem Zentrum.

Primärfokus-Feed eines Radioteleskops

Parabolspiegel werden durch das Verhältnis von Brennweite f zu Durchmesser D charakterisiert. Ein typischer Wert ist $f/D \approx 0{,}4$–$0{,}5$ (etwa wie in Abb. 3.2). Bei einem größeren Verhältnis würde die Befestigung des Feed sehr lang, bei einem kleineren Verhältnis wird der benötigte Öffnungswinkel der Feed-Antenne zu groß. Schon bei 0,4 muss die Feed-Antenne einen Öffnungswinkel von ca. 100° haben, wobei die Empfangsleistung in Richtung des Rands um etwa den Faktor 10 geringer sein soll als in einem möglichst großen Gebiet in der Mitte. Da ein solcher Feed schwer herzustellen ist, wird oft ein Sekundärreflektor etwas innerhalb des Brennpunkts angebracht, der die Wellen in die Mitte des Parabolreflektors reflektiert, wo dann ein Feed mit kleinem Öffnungswinkel angebracht werden kann (sog. Gregory- bzw. Cassegrain-Strahlengang, je nach Form des Sekundärreflektors). ◄

Abb. 3.2 Prinzip
und wichtige Größen
eines Parabolreflektors
(Querschnitt)

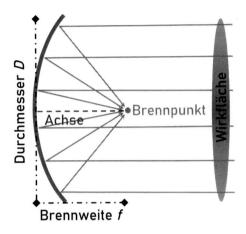

3.2 Eigenschaften einer Parabolantenne

Empfangsantennen werden durch ihre effektive Wirkfläche A_E charakterisiert. Die Strahlung, die durch diese hypothetische Fläche tritt, wird von der Antenne gesammelt und steht bei optimaler Ausrichtung und elektrischer Anpassung als elektrische Leistung am Antennenanschluss zur Verfügung. Bei sog. Apertur-antennen wie Parabolspiegeln ist die Wirkfläche näherungsweise gleich der geometrischen Fläche, da alle auf die Fläche auftreffenden ebenen Wellen im Brennpunkt konzentriert werden (Abb. 3.2).

Dezibel
In der Hochfrequenztechnik werden Leistungsverhältnisse L in Dezibel (dB) angegeben. Die Umrechnungsformeln lauten:

$$L = 10\,\mathrm{dB} \cdot \log_{10}\left(\frac{P_1}{P_2}\right) \Leftrightarrow \frac{P_1}{P_2} = 10^{\left(\frac{L}{10\,\mathrm{dB}}\right)}$$

Durch die ungleichmäßige Nutzung des Parabolreflektors reduziert sich die effektive Wirkfläche je nach Ausführung des Feed auf etwa 60–80 % der geo-metrischen Fläche. Das Verhältnis von Wirkfläche zu geometrischer Fläche wird als Flächenwirkungsgrad q bezeichnet. Durch die Beugung am Spiegelrand werden auch Strahlen, die nicht exakt achsenparallel sind, in den Brennpunkt gelenkt. Wird die Antenne von einer punktförmigen Quelle wegbewegt, geht deshalb die Empfangsleistung nicht schlagartig, sondern allmählich zurück. Der

Winkel zwischen den beiden Richtungen auf jeder Seite der Quelle, bei dem noch die Hälfte der Leistung (-3 dB) empfangen wird, definiert die Halbwertsbreite ϑ der Antennenkeule. Dafür findet man folgende empirische Formel (Kark 2010):

$$\vartheta = 62,8° \frac{\lambda}{D\sqrt{q}} \qquad \text{(Gl. 3.1)}$$

Die Halbwertsbreite der Antennenkeule eines 3-m-Radioteleskops beträgt für die 21-cm-Strahlung des Wasserstoffs etwa $5°$, d. h. etwa 10 Vollmonddurchmesser (Abb. 3.3).

Durch Beugung und andere Effekte entstehen Nebenkeulen der Antenne. Aus diesen Richtungen ist der Empfang meist um mindestens den Faktor 100 (20 dB) schwächer als aus der Hauptrichtung. Bei der Beobachtung schwacher Radioquellen muss sichergestellt sein, dass sich nicht eine starke Quelle, z. B. die Sonne, im Bereich einer Nebenkeule befindet.

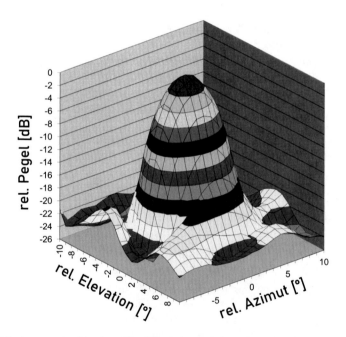

Abb. 3.3 Antennenkeule des 3-m-Gitterspiegels des Arno-Penzias-Radioteleskops (Abb. 1.6), gemessen bei 1525 MHz. (Bild: M. Stöhr, Fachgruppe Radioastronomie der Nürnberger Astronomischen Gesellschaft e. V.)

Fragen

Wie groß ist die Halbwertsbreite der Antennenkeule eines 100-m-Radioteleskops wie in Effelsberg bei 21 cm Wellenlänge, wenn ein idealer Feed ($q = 1$) verwendet würde?
Antwort: 8 Bogenminuten.

Welchen Durchmesser müsste der Reflektor eines Radioteleskops für 1420 MHz haben, um Darstellungen von Radioquellen zu erhalten, die vergleichbar der optischen Auflösung (bei 0,5 µm) eines Teleskops mit 1 m Öffnung sind?
Antwort: 420 km (gleiches Verhältnis λ/D).

Hinweis: Bei optischen Teleskopen wird üblicherweise nicht die Halbwertsbreite, sondern das Auflösungsvermögen angegeben, dies entspricht dem Winkelabstand vom Maximum zur ersten Nullstelle der Antennenkeule. Der Vorfaktor in Gl. 3.1 vergrößert sich dann auf 70°.

3.3   Charakterisierung des Empfängers durch die Rauschtemperatur

Im Empfänger soll möglichst wenig zusätzliches Rauschen durch die Elektronik entstehen, sodass die schwachen radioastronomischen Signale detektiert werden können. Ähnlich wie in Abschn. 2.4 für die Intensität dargestellt, kann auch das Rauschen durch die spektrale Rauschleistungsdichte $P_{N,f}$ beschrieben werden (N für „Noise"). Dies ist die Rauschleistung bezogen auf ein Frequenzintervall. Für einen elektrischen Widerstand bei der Temperatur T beträgt sie ($k_B = 1{,}38 \cdot 10^{-23}$ J/K ist die sog. Boltzmann-Konstante):

$$P_{N,f} = k_B \cdot T \qquad \text{(Gl. 3.2)}$$

Beispiel

Die spektrale Rauschleistungsdichte eines Widerstands bei Raumtemperatur (290 K) beträgt $4 \cdot 10^{-21}$ W/Hz. ◄

Die Leistung am Antennenausgang kann deshalb durch eine äquivalente Antennentemperatur T_A angegeben werden. Das Rauschen der elektronischen Komponenten kann ebenfalls durch eine Rauschtemperatur charakterisiert werden. Die Rauschtemperatur T_V eines Verstärkers ist so definiert, dass die

Rauschleistung P_V, die der Verstärker ohne Eingangssignal erzeugt, der einer (hypothetischen) thermischen Rauschquelle mit Temperatur T_V am Eingang des Verstärkers entspricht. Die resultierende Leistung am Ausgang des Verstärkers ist dann durch die Summe der Temperaturen der Antenne und des Verstärkers bestimmt: wenn der Verstärker einen Leistungs-Verstärkungsfaktor („Gain") G hat, ist die spektrale Rauschleistungsdichte am Ausgang gegeben durch:

$$P_f = k_B \cdot (T_V + T_A) \cdot G. \qquad \text{(Gl. 3.3)}$$

Hintergrundinformation
Werden passive Komponenten wie Filter, Kabel oder Hohlleiter verwendet, so macht sich deren Dämpfung L („Loss") ebenfalls wie zusätzliches Rauschen bemerkbar. Ihre Rauschtemperatur T_L ergibt sich zu:

$$T_L = T_0 \left(\frac{1}{L} - 1 \right). \qquad \text{(Gl. 3.4)}$$

T_0 ist dabei die (absolute) Temperatur der passiven Komponente, meist 290 K. Ein (langes) Antennenkabel mit $L = 0{,}25$ (6 dB Dämpfung) hat z. B. eine Rauschtemperatur von 870 K.

Werden mehrere Komponenten, die durch ihre Verstärkungen G_i bzw. Dämpfungen und ihre Rauschtemperaturen $T_{V,i}$ gekennzeichnet sind, hintereinander geschaltet, ergibt sich ihre Gesamtrauschtemperatur $T_{V,\text{Ges}}$ durch die sog. Friis'sche Formel zu:

$$T_{V,\text{Ges}} = T_{V,1} + \frac{T_{V,2}}{G_1} + \frac{T_{V,3}}{G_1 G_2} + \ldots + \frac{T_{V,n}}{G_1 G_2 \ldots G_{n-1}} \qquad \text{(Gl. 3.5)}$$

wobei bei passiven Komponenten L anstelle von G tritt. Die Rauschtemperatur $T_{V,1}$ der ersten Komponente nach dem Feed ist also entscheidend für die Gesamtrauschtemperatur. Dazu sollte sie eine hohe Verstärkung G_1 haben, damit sich die Rauschtemperaturen nachfolgender, insbesondere passiver Komponenten, nicht stark auswirken.

Herstellerangaben von Hochfrequenzkomponenten
Um die Rauschtemperatur eines Empfängers berechnen zu können, müssen die Angaben, wie sie in Datenblättern elektronischer Bauelemente zu finden sind, entsprechend umgerechnet werden. Bei Verstärkern ist dies meist das Verstärkungsmaß (Gain) G und das Rauschmaß (Noise Figure) F, jeweils in Dezibel angegeben. Die Umrechnung auf G und T_V erfolgt mit:

$$G = 10^{\left(\frac{\tilde{G}}{10\,\text{dB}} \right)} \quad \text{und} \quad T_V = T_0 \left[10^{\left(\frac{F}{10\,\text{dB}} \right)} - 1 \right]. \qquad \text{(Gl. 3.4a, b)}$$

Die Dämpfung von passiven Komponenten wird meist als Dämpfungsmaß $\tilde{L}$ in Dezibel angegeben. Obwohl Dämpfungen zur Abschwächung des Signals führen, wird bei der Dezibel-Angabe das eigentlich korrekte negative Vorzeichen meist nicht mit angegeben, sondern z. B. „Kabeldämpfung 6 dB". Die Dämpfung L ergibt sich dann aus:

$$L = 10^{\left(\frac{-\tilde{L}}{10\,\text{dB}}\right)}. \qquad \text{(Gl. 3.6)}$$

Berechnungsbeispiel zur Rauschtemperatur

Im Brennpunkt des Arno-Penzias-Radioteleskops (Abb. 1.6) befindet sich zwischen der Feed-Antenne und dem ersten Verstärker ein kurzes Koaxialkabel mit 0,2 dB Dämpfung, entsprechend (Gl. 3.6) $L = 0,955$ und (Gl. 3.4) $T_1 = 13,7$ K. Der Verstärker hat $\tilde{G} = 14,2$ dB und $F = 0,47$ dB, entsprechend (Gl. 3.4a, b) $G_2 = 26,3$ und $T_{V,2} = 33,2$ K. Es folgt ein Filter mit 2 dB Durchlassdämpfung, also $L_3 = 0,63$ und $T_3 = 170$ K. Nach einem weiteren Verstärker folgt das 10 m lange Antennenkabel mit 3,7 dB Dämpfung, entsprechend $L_4 = 0,42$ und damit $T_4 = 405$ K. Damit ergibt sich nach Gl. 3.5:

$$T_{V,\text{Ges}} = 13,7\,\text{K} + \frac{33,2\,\text{K}}{0,955} + \frac{170\,\text{K}}{25,1} + \frac{33,2\,\text{K}}{15,8} + \frac{405\,\text{K}}{416}$$
$$= 13,7\,\text{K} + 34,8\,\text{K} + 6,8\,\text{K} + 2,1\,\text{K} + 0,97\,\text{K} = 58,4\,\text{K}.$$

Interpretation

Wie klar ersichtlich ist, tragen das kurze Kabel zwischen Feed und Verstärker (13,7 K) und der erste Verstärker (34,8 K) signifikant zur Gesamtrauschtemperatur bei, die nachfolgenden Komponenten spielen wegen der hohen Verstärkung keine große Rolle. Der zweite Verstärker ist aber unbedingt erforderlich, um den Einfluss der Kabeldämpfung des langen Antennenkabels gering zu halten, sonst würde dies einen Beitrag von 25,6 K liefern. ◄

3.4 Signalverarbeitung und Darstellung

Nach Durchlaufen der Verstärker- und Filterkette wird das Empfangssignal mit einem „Software Defined Radio" (SDR) mit schnellen und hochauflösenden Analog-Digital-Wandlern digitalisiert. Das digitalisierte Signal wird auf einem Rechner weiterverarbeitet. Es kann z. B. die gesamte Empfangsleistung in einer bestimmten Bandbreite oder ein Frequenzspektrum berechnet werden. Um die Fluktuation der schwachen Signale zu reduzieren, müssen sie meist über längere Zeit (z. B. einige Sekunden) gemittelt werden.

Beispiel zur digitalen Signalverarbeitung

Die digitale Signalverarbeitung wird an Hand des Empfangs der 21-cm-Strahlung aus dem Sternbild Cassiopeia mit dem 1,5-m-Radioteleskop (Abb. 1.6) erläutert. Das Signal der Antenne wird verstärkt und gefiltert. Dieses analoge Signal $x(t)$ wird zur Digitalisierung an das SDR angelegt. Die Abtastrate des SDR muss gemäß dem sog. Nyquist-Theorem mindestens auf das Doppelte der gewünschten Bandbreite eingestellt werden. Die Verstärkung des SDR muss so gewählt werden, dass die A/D-Wandler gut ausgesteuert sind.

Die Abtastwerte (Abb. 3.4, linkes Bild) aus dem SDR werden in einem PC weiterverarbeitet. Hierzu werden sie in Blöcke (von z. B. jeweils 1024 Werten) unterteilt und blockweise mit einer sog. Fast Fourier Transformation (FFT) in den Frequenzbereich umgerechnet (Abb. 3.4, mittleres Bild). Dabei entspricht die Blocklänge der Anzahl der Werte des Spektrums. Deshalb ist die Frequenzauflösung umso besser, je länger die Blöcke der Abtastwerte sind. Die starke Linie in der Mitte des Spektrums ist eine Störlinie, die durch das Empfängerkonzept des verwendeten SDR entsteht. Der darzustellende Frequenzbereich des Spektrums wird „ausgeschnitten". Die Werte zeitlich aufeinanderfolgender Ausschnitte werden mit einem geeigneten Algorithmus, z. B. dem Welch-Algorithmus (Welch 1967), über die gewünschte Messzeit gemittelt. Dadurch werden die Fluktuationen der Werte stark reduziert, wie aus dem Vergleich der Spektren bei Mittelung über 20 ms und 3 s (Abb. 3.4, rechtes Bild) deutlich wird. Der spektrale Verlauf der Wasserstoffstrahlung wird erkennbar und kann z. B. im Hinblick auf die Dopplerverschiebung ausgewertet werden.

Für Details zur digitalen Signalverarbeitung sei auf die Literatur verwiesen (z. B. Heuberger und Gamm 2017). ◀

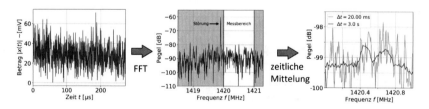

Abb. 3.4 Digitale Signalverarbeitung zur Darstellung des Frequenzspektrums im Bereich der 21-cm-Strahlung, siehe Text. (Bild: H. Lieske, Fachgruppe Radioastronomie der Nürnberger Astronomischen Gesellschaft e. V.)

3.5   Ermittlung der Strahlungstemperatur und Intensität einer kosmischen Quelle

Die Problematik der Bestimmung der Intensität einer kosmischen Quelle ist in Abb. 3.5 gezeigt. Außer dem Signal der Quelle mit äquivalenter Strahlungstemperatur T_Q, die zu einer Antennentemperatur $T_{A,Q}$ führt, trifft auch ein Strahlungshintergrund mit T_H auf die Empfangsantenne. Unter diesem Begriff sind hier vereinfachend die galaktische Strahlung, die 3-K-Hintergrundstrahlung, die thermische Strahlung aus der Erdatmosphäre und ggf. der „spillover" des Feed zusammengefasst. Insgesamt ergibt sich die Antennentemperatur $T_{A,\text{ges}}$. Bei der Messung addiert sich dazu noch das Rauschen des Empfängers, beschrieben durch T_E.

Die Temperaturen T_H und T_E sowie das Bandbreite-Verstärkungsprodukt $B \cdot G$ des Empfängers müssen bekannt sein, damit man aus der gemessenen Gesamtleistung den Beitrag der kosmischen Quelle berechnen kann. Dazu kann man wie folgt vorgehen:

- T_H kann aus einer Messung „an der Quelle vorbei" (räumlich oder hinsichtlich der Frequenz) bestimmt werden.
- T_E kann aus Daten der Verstärker usw. berechnet oder gemessen werden, vgl. das Berechnungsbeispiel in Abschn. 3.3.

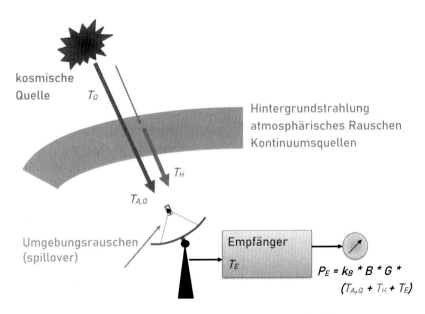

Abb. 3.5 Situation beim Empfang des Signals einer kosmischen Quelle

- $B \cdot G$ kann aus einer Kalibrierungsmessung bestimmt werden, z. B. in dem die Antenne auf einen Bereich gerichtet wird, deren Temperatur und Emissionsgrad bekannt ist (kosmische Referenzquelle, Absorber bekannter Temperatur). Alternativ kann eine elektronische Rauschquelle bekannter Leistung anstelle des Feed an den Verstärkereingang angeschlossen werden. Um eine Veränderung der Verstärkung z. B. durch eine Temperaturdrift zu berücksichtigen, wird während der Messung laufend zwischen der Antenne und der Rauschquelle umgeschaltet (sog. Dicke-Radiometer).

Sind diese Größen bestimmt, kann die Antennentemperatur $T_{A,Q}$, die allein von der Quelle verursacht wird, berechnet werden:

$$T_{A,Q} = T_{A,\text{ges}} - T_H = \frac{P_E}{k_B \cdot G \cdot B} - T_E - T_H \qquad \text{(Gl. 3.7)}$$

Die Berechnung der spektralen Intensität der Quelle bei bekannter Antennentemperatur $T_{A,Q}$ hängt dann davon ab, wie die flächenmäßige Ausdehnung (beschrieben durch den sog. Raumwinkel Ω_Q) der Quelle im Vergleich zu dem Bereich ist, der von der Antennenkeule erfasst wird (Ω_A). Es ergeben sich folgende Beziehungen (Burke et al. 2019, S. 76 ff):

- punktförmige Quelle (Beispiel: Quasar):
  $S_f = \frac{2k_B T_{A,Q}}{A_E}$,
- kompakte Quelle (Ausdehnung kleiner als der von der Antennenkeule erfasste Bereich, z. B. die Sonne bei einem 3-m-Radioteleskop):
  $S_f = \frac{2k_B T_Q}{A_E} = \frac{2k_B T_{A,Q}}{A_E} \frac{\Omega_A}{\Omega_Q}$,
- großflächige Quelle (Ausdehnung größer als der von der Antennenkeule erfasste Bereich, z. B. die kosmische Hintergrundstrahlung):
  $S_f = \frac{2k_B T_Q}{\lambda^2} = \frac{2k_B T_{A,Q}}{\lambda^2}$.

Beispiel: Bestimmung der äquivalenten Strahlungstemperatur der 21-cm-Strahlung aus dem Sternbild Cassiopeia

Mit dem 1,5-m-Parabolspiegel (Abb. 1.6) wurden zwei Messungen mit sonst gleichen Einstellungen in Richtung der Wand der Sternwarte und in Richtung des Sternbilds Cassiopeia gemacht. Auch wenn eine Gebäudewand bei 1,4 GHz nicht als Absorber zu betrachten ist, da sie einen erheblichen Reflexionsgrad hat, kann davon ausgegangen werden, dass in dieser Richtung die thermische Strahlung mit der Umgebungstemperatur gemessen wird. Aus zwei

Messwerten, einmal bei der Frequenz der 21-cm-Strahlung und einmal bei einer höheren Frequenz (Abb. 3.6), wurden die verschiedenen Größen bestimmt. Für die Auswertung betrachtet man die Messergebnisse beider Messungen bei 1420,9 MHz für den Hintergrund und bei 1420,35 MHz für das Wasserstoff-Spektrum. Der Hintergrundwert unter dem Wasserstoffspektrum wird aus dem Wert bei 1420,9 MHz analog zu der Messung der thermischen Strahlung der Sternwartenwand extrapoliert, da der gleiche Frequenzgang durch die digitale Filterung im SDR-Empfänger zu erwarten ist.

Bei der Messung Richtung Sternwarte wurde angenommen:

- Umgebungstemperatur: 273 K,
- Rauschtemperatur des Empfängers (berechnet wie in Abschn. 3.3): $T_E = 67$ K.

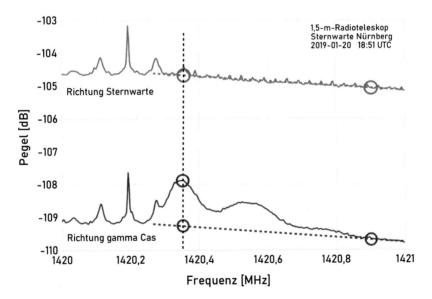

Abb. 3.6 Messung zur Bestimmung der Strahlungstemperatur der 21-cm-Wasserstoffstrahlung, Messdauer 40 s. Obere Kurve: Radioteleskop auf die Wand der Sternwarte ausgerichtet, untere Kurve: Radioteleskop auf γ Cas ausgerichtet. Die Signale unterhalb 1420,3 MHz sind Störlinien

Dann ist die Antennentemperatur bei der Messung Richtung Sternwarte $T_{A,ref}$=340 K und aus der gemessenen Leistung $\tilde{P}_{A,\text{ref}}(1420,35\,\text{MHz})=-104,75\,\text{dB}$ ergibt sich analog zu Gl. 3.7:

$$k_B \cdot G \cdot B = \frac{P_{A,\text{ref}}}{T_{A,\text{ref}}} = 1,0 \cdot 10^{-13}\,\text{W/K}.$$

In Richtung γ Cas ist die Empfangsleistung des Hintergrunds (extrapoliert von 1420,9 MHz) $\tilde{P}_H$ (1420,35 MHz) = −109,3 dB und daraus berechnet man anlog zu Gl. 3.7:

$$T_H = \frac{P_H}{k_B \cdot G \cdot B} - T_E = 118\,\text{K} - 67\,\text{K} = 51\,\text{K}$$

Die Leistung mit der Quelle beträgt $\tilde{P}_{A,\text{ges}}$ (1420,35 MHz) = −107,9 dB. Nun kann Gl. 3.7 vollständig angewandt werden und liefert

$$T_{A,Q} = \frac{P_{A,\text{ges}}}{k_B \cdot G \cdot B} - T_E - T_H = 163\,\text{K} - 67\,\text{K} - 51\,\text{K} = 45\,\text{K}$$

Da die Quelle großflächig ist, ist dies auch die Strahlungstemperatur der Quelle. Das Ergebnis ist in guter Übereinstimmung mit dem veröffentlichten Wert von 47 K (Kalberla et al. 2005). Dies entspricht einer spektralen Intensität von $2{,}8 \cdot 10^6$ Jy. ◄

3.6   Antennensteuerung

Die Antenne muss in Richtung der Quelle, die beobachtet werden soll, ausgerichtet werden. Üblicherweise werden die Antennen der Radioteleskope um eine vertikale Achse gedreht, um die Richtung (Azimut) einzustellen, und um eine horizontale Achse für die Höheneinstellung (Elevation). Dies entspricht der azimutalen Montierung eines optischen Teleskops. Die Position einer Quelle liegt z. B. im beweglichen Äquatorsystem (Rektaszension α, Deklination δ) oder in galaktischen Koordinaten (galaktische Länge und Breite l, b) vor und muss auf die momentane Richtung und Höhe umgerechnet werden. Formeln dafür finden sich in Lehrbüchern der Astronomie (z. B. Hanslmeier 2014, Kap. 1).

Sollen Messungen über eine längere Zeit gemacht werden, muss die Antennenrichtung der Bewegung der Quellen am Himmel nachgeführt werden. Bei ganz einfachen Anlagen, aber auch bei den größten Radioteleskopen (Arecibo, FAST) verzichtet man auf die Bewegung der Antenne. Man nutzt dann die Erddrehung und ggf. eine Verschiebung des Feed, um die verschiedenen Bereiche des Himmels im Lauf eines Tages zu erfassen.

Wie funktioniert ein Radioteleskop?

Radioteleskope bündeln die auf eine große Fläche auftreffende Strahlung. Hierfür wird häufig ein Parabolreflektor verwendet. Durch eine Feedantenne wird die gebündelte Strahlung in ein elektrisches Signal umgewandelt. Dessen spektrale Rauschleistungsdichte wird durch die Antennentemperatur beschrieben. Gleichzeitig mit der Quelle wird ein Rauschhintergrund und das Empfängerrauschen gemessen. Durch verschiedene Messungen und Berechnungen kann der Beitrag der Quelle zur Rauschleistung isoliert werden und daraus die spektrale Intensität berechnet werden.

Was kann man mit einem Radioteleskop beobachten?

4

4.1 Radiostrahlung der Sonne

Wie in Kap. 2 erläutert, ist die Sonne die stärkste kosmische Radioquelle. Ihre Strahlung ist deshalb vergleichsweise einfach zu empfangen. Man kann damit die Funktion der Antennensteuerung und die Empfängerempfindlichkeit überprüfen. Dazu richtet man die Antenne genau nach Süden aus (Azimut 180°) und stellt die erwartete Mittagshöhe der Sonne als Elevation ein. Zeichnet man die empfangene Strahlung in einem geeigneten Zeitraum um den wahren Mittag herum auf, so steigt die Empfangsleistung an, wenn die Sonne von der Antennenkeule erfasst wird, erreicht das Maximum genau zur Zeit des wahren Mittags am Empfangsort und nimmt danach wieder ab (Abb. 4.1). Ein ähnliches Ergebnis erhält man, wenn man die Antenne über die Position der Sonne schwenkt.

Aus der Intensität der Sonnenstrahlung kann man Rückschlüsse auf die Sonnenaktivität ziehen. Dazu wird die spektrale Intensität der Sonnenstrahlung (der sog. Solare Flux) bei 2,8 GHz (10,7 cm Wellenlänge) gemessen. Die Angabe erfolgt in sog. Solar Flux Units (sfu), 1 sfu entspricht 10^4 Jansky. Typische Werte liegen zwischen 70 sfu im Sonnenfleckenminimum und über 200 sfu während der Phasen größter Sonnenaktivität. Mehrere Stationen weltweit führen täglich Messungen des solaren Flux durch und veröffentlichen die Daten im Internet, z. B. Natural Resources Canada.

© Der/die Herausgeber bzw. der/die Autor(en), exklusiv lizenziert durch Springer Fachmedien Wiesbaden GmbH, ein Teil von Springer Nature 2020
T. Lauterbach, *Radioastronomie, essentials,*
https://doi.org/10.1007/978-3-658-31415-6_4

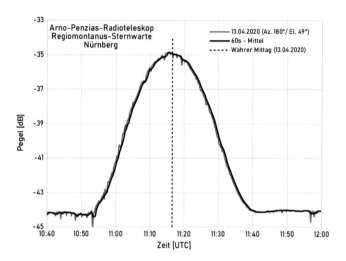

Abb. 4.1 Messung der Intensität der Sonnenstrahlung bei 1400 MHz mit dem 3-m-Radioteleskop der Sternwarte Nürnberg, siehe Text. Bei korrekt justierter Antenne erreicht der Signalpegel zum Zeitpunkt des wahren Mittags das Maximum

4.2   Die Radioquelle Cassiopeia A

Diese Radioquelle ist zwar nach der Sonne eine der stärksten, bei 1,4 GHz aber um etwa den Faktor 1000 schwächer (Abb. 2.5). Deshalb stellt sich die Frage, ob der dadurch erheblich geringere Unterschied an Antennentemperatur gegenüber dem Strahlungshintergrund erkannt werden kann, da die Signale ja mit Rauschen behaftet sind. Es ist dazu erforderlich, sowohl die Mittelungszeit als auch die Bandbreite der Leistungsmessung zu vergrößern. Dann kann auch mit einem kleinen Radioteleskop die Strahlung gut vom Hintergrund unterschieden werden, wie Abb. 4.2 zeigt.

Die Radiometer-Gleichung (Kraus 1966, S. 102) gibt an, wie die minimal messbare Temperaturdifferenz ΔT von der Bandbreite B, der Mittelungszeit Δt und der Anzahl der Messungen N abhängt. T_{sys} ist die Systemtemperatur (Antennentemperatur + Rauschtemperatur des Empfängers).

$$\Delta T \approx \frac{T_{\text{sys}}}{\sqrt{B\,\Delta t\,N}}$$

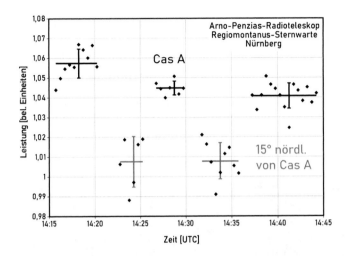

Abb. 4.2 Messung der Kontinuums-Radiostrahlung von Cassiopeia A bei 1417 MHz. Die Antenne wurde etwa alle 5 min zwischen der Position der Quelle und einer Himmelsregion mit gleicher Elevation, aber 15° größerem Azimut (d. h. 15°weiter nördlich, da die Quelle im Nordwesten stand) hin- und hergeschwenkt. Mehrere der jeweils 30 s umfassenden Einzelmessungen (Rauten) mit Bandbreite 135 kHz wurden nochmals gemittelt (Linien), um den Unterschied der Empfangsleistung von nur etwa 3 % deutlich werden zu lassen. Die vertikalen Balken geben den Bereich ± eine Standardabweichung an

Fragen

Welche Integrationszeit ist erforderlich, um bei einer Einzelmessung mit 2 kHz Bandbreite die (näherungsweise punktförmige) Quelle Cas A bei 1420 MHz mit einem 3-m-Radioteleskop (mit $q = 0{,}7$) messen zu können? Die spektrale Intensität beträgt $5 \cdot 10^3$ Jy. Verwenden Sie für die Empfänger-Rauschtemperatur und die Himmelstemperatur die Angaben des Beispiels in Abschn. 3.4.

Antwort: aus der in Abschn. 3.5 angegebenen Formel für die Zusammenhang zwischen spektraler Intensität und Antennentemperatur für Punktquellen folgt $\Delta T = T_{A'Q} = 9$ K. Aus der Radiometergleichung ergibt sich $\Delta t = 0{,}1$ s.

4.3   Die 21-cm-Radiostrahlung aus der Milchstraße

Die Entstehung der 21-cm-Radiostrahlung durch den Hyperfeinstrukturübergang der neutralen Wasserstoffatome wurde in Abschn. 2.5.3 beschrieben. In der
Milchstraße gibt es atomaren Wasserstoff hauptsächlich in den Bereichen zwischen
den Sternen. Man kann deshalb durch die Beobachtung dieser Strahlung und ihrer
Dopplerverschiebung Aussagen über die Bewegung der verschiedenen Gebiete der
Milchstraße relativ zueinander machen. Für die Interpretation der Messungen ist es
hilfreich, die Struktur der Milchstraße vor Augen zu haben (Abb. 4.3).

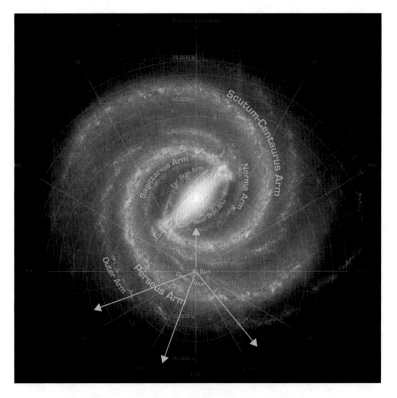

Abb. 4.3 Künstlerische Darstellung der Milchstraße aus einer Richtung senkrecht zur
galaktischen Ebene von außen. Man erkennt das balkenförmige Zentrum und die Spiralarme. Die Sonne befindet sich in etwa 25.000 Lichtjahren Entfernung vom galaktischen
Zentrum („Sun"). Die Pfeile beziehen sich auf die Richtungen der in Abb. 4.5 gezeigten
Messungen. Credit: NASA/JPL-Caltech/R. Hurt (SSC/Caltech)

Die verschiedenen Richtungen in Bezug auf die Milchstraße werden in Galaktischen Koordinaten angegeben. Die Galaktische Länge ℓ gibt in der galaktischen Ebene den Winkel zum galaktischen Zentrum an („Galactic Longitude" in Abb. 4.3). Die galaktische Breite b ist der Winkel zur galaktischen Ebene.

Je nach der Richtung, aus der die Strahlung kommt, unterliegt sie unterschiedlicher Dopplerverschiebung, da sich die meisten Objekte (Sterne, Gaswolken) annähernd auf Kreisbahnen um das Zentrum bewegen. Überraschenderweise hängt die Rotationsgeschwindigkeit in der Milchstraße in einigem Abstand vom Zentrum kaum mehr von der Entfernung ab (Burke et al. 2019, S. 344) und beträgt etwa 225 km/s. Dies kann durch das Newtonsche Gravitationsgesetz nicht erklärt werden und wird auf die Wirkung der sog. dunklen Materie zurückgeführt, nach der zurzeit intensiv gesucht wird.

An Hand des Beispiels von Abb. 4.4 wird ersichtlich, dass dieses Rotationsverhalten der Milchstraße dazu führt, dass eine Radialgeschwindigkeit der Strahlungsquellen Q relativ zu einem Empfänger E, z. B. am Ort der Sonne, entsteht. Die Geschwindigkeitsvektoren der Quellen und des Empfängers (grau) können jeweils in eine radiale Komponente in Richtung der Verbindungslinie (farbig) und eine senkrecht dazu (in der Abb. nicht gezeigt) zerlegt werden. In diesem Beispiel resultiert bei der Quelle Q_1 in Richtung der Drehbewegung der Milchstraße eine negative radiale Relativgeschwindigkeit (v_{RI}, auf den Empfänger zu) und damit eine Dopplerverschiebung zu höheren

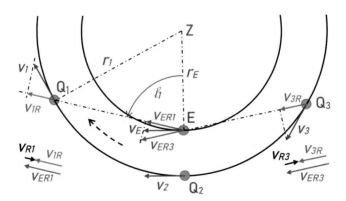

Abb. 4.4 Geometrie eines einfachen Modells zur Erklärung der Dopplerverschiebung bei der Beobachtung der 21-cm-Strahlung aus den Milchstraßenarmen. Durch die unterschiedliche Bewegungsrichtung ergibt sich eine Radialgeschwindigkeit zwischen verschiedenen Quellen und einem Empfänger, die sich auf Kreisbahnen um das gemeinsame Zentrum Z bewegen, siehe Text

Frequenzen. Bei der Quelle Q_3 aus der entgegengesetzten Richtung entsteht hingegen eine positive radiale Relativgeschwindigkeit (v_{R3}) und damit eine Dopplerverschiebung zu geringeren Frequenzen. Bei der Quelle Q_2 in Richtung entgegengesetzt zum Zentrum tritt keine Geschwindigkeitskomponente in Richtung der Verbindungslinie auf und damit auch keine Dopplerverschiebung.

Hintergrundinformation
Allgemein kann die Radialgeschwindigkeit zwischen dem Empfänger E und z. B. der Quelle Q_1 mit galaktischer Länge l_1 und Abstand r_1 vom Zentrum Z aus der Geometrie der Abb. 4.4 berechnet werden zu (Voigt 2012, S. 728).

$$ v_{R1} = r_E \left(\frac{v_1}{r_1} - \frac{v_E}{r_E} \right) \sin l_1 \qquad \text{(Gl. 4.1)} $$

Daraus ergibt sich, dass die radiale Relativgeschwindigkeit für alle Quellen, die gleichen Abstand vom galaktischen Zentrum haben wie der Empfänger (unter der Voraussetzung $v_1 = v_E$) wegen des Terms in der Klammer unabhängig von der Galaktischen Länge Null ist, ebenso für Quellen bei $\ell_1 = 0°$ und $180°$ wegen der Sinusfunktion unabhängig von den Abständen. Für alle anderen Quellen wechselt bei diesen Galaktischen Längen das Vorzeichen.

Für Quellen mit $r_1 > r_E$ ist der Term in der Klammer stets negativ, sodass sich folgende Verhältnisse ergeben: Quellen in Richtung der Drehung der Milchstraße ($l_1 < 180°$) haben negative, Quellen mit $l_1 > 180°$ haben positive radiale Relativgeschwindigkeiten. Bei Quellen im Bereich $l_1 = 90° \ldots 270°$ trifft dies immer zu, da man in diesem Bereich von der Sonne bzw. Erde aus gesehen in der Milchstraße nach außen blickt (Abb. 4.3), im übrigen Bereich gilt es für Quellen, die weiter vom Zentrum entfernt sind als der Empfänger, so wie im Beispiel in Abb. 4.4.

Bei Quellen mit $r_1 < r_E$ ist der Term in der Klammer positiv und die Verhältnisse sind deshalb genau umgekehrt.

Zusätzlich ergibt sich eine jahreszeitlich Dopplerverschiebung aufgrund der Bewegung der Erde um die Sonne, die nicht in der galaktischen Ebene verläuft.

Die Beobachtungen der 21-cm-Linie bestätigen diese Überlegungen (Abb. 4.5). Alle Beispiele sind in der galaktischen Ebene, d. h. bei Breite $0°$, gemessen.

Die Frequenz wurde bereits mit Gl. 2.7 in die Radialgeschwindigkeit umgerechnet, auf die Korrektur auf das lokale Ruhesystem wurde verzichtet. Man beobachtet in Richtung des galaktischen Zentrums praktisch keine Radialgeschwindigkeit, in Richtung $100°$ und $140°$ negative und in Richtung $220°$ positive Radialgeschwindigkeiten. Es treten in den meisten Richtungen mehrere Linien auf, die unterschiedliche Radialgeschwindigkeiten aufweisen, dies deutet auf die Herkunft der Strahlung aus verschieden weit entfernten Bereichen der Milchstraße hin, z. B. unterschiedlichen Milchstraßenarmen, da dann gemäß Gl. 4.1 die Radialgeschwindigkeiten und damit die Dopplerverschiebungen unterschiedlich sind.

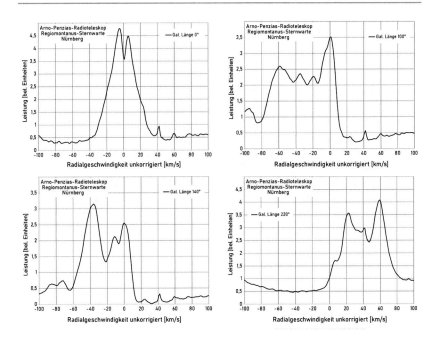

Abb. 4.5 Messungen der 21-cm-Strahlung aus verschiedenen Bereichen der Milchstraße mit dem 3-m-Radioteleskop (Abb. 1.6)

Dies ist auch in Abb. 4.3 zu erkennen. Mit solchen Messungen wurde bereits in den 1950er Jahren die Spiralarm-Struktur der Milchstraße erkannt (Oort 1959).

Eine Besonderheit zeigt die Messung in Richtung 0°. Die Wasserstofflinie ist dort nicht nur wie bei den anderen Messungen als Emissionslinie, sondern auch als Absorptionslinie zu sehen. Die starke Strahlung aus dem galaktischen Zentrum wird durch das Gas in den davor liegenden Armen teilweise wieder absorbiert. Dies führt zu der „Delle" bei Radialgeschwindigkeit 0.

4.4   Erstellung von Radiokarten

Um einen visuellen Eindruck von der Verteilung der 21-cm-Strahlung zu bekommen, kann man die Daten vieler einzelner Messungen zu einem Bild kombinieren und die verschiedenen Eigenschaften wie Stärke und Frequenz durch Farbe und Helligkeit kodieren. Mit Mitteln der digitalen Bildverarbeitung

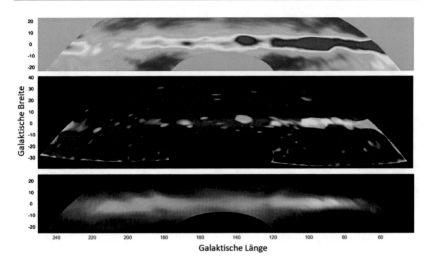

Abb. 4.6 Farbkodierte Radiokarten im Bereich der 21-cm-Strahlung, angefertigt mit Messwerten eines 2,65-m-Radioteleskops. Oben: Gesamtintensität über die volle Bandbreite (8 MHz), Mitte: Intensität der Kontinuums- (grün) und Wasserstoffstrahlung (rot) getrennt dargestellt, unten: Intensität nur der Wasserstoffstrahlung, Farbkodierung: Dopplerverschiebung. Filter: unscharfe Maske. (Bilder: Johannes Ebersberger, Fachgruppe Radioastronomie der Nürnberger Astronomischen Gesellschaft e. V.)

wie Mittelwertkorrekturen usw. können die Einflüsse z. B. der Temperaturdrift des Empfangssystems und der unterschiedlichen Beiträge der atmosphärischen Strahlung z. B. durch Wolken (Abschn. 3.5) berücksichtigt und korrigiert werden. Beispiele von mit einem Amateur-Radioteleskop erstellten Karten zeigt Abb. 4.6. Man erkennt deutlich, dass die Strahlung aus dem Bereich der Milchstraße dominiert. Durch spektrale Filterung kann die Strahlung des atomaren Wasserstoffs von dem Kontinuum z. B. von Cas A und Cyg A getrennt werden, außerdem können durch eine Farbkodierung der Dopplerverschiebung der Wasserstofflinie die Bereiche visualisiert werden, die eine positive bzw. negative Radialgeschwindigkeit aufweisen (Ebersberger 2020).

Zusammenfassung

Schon mit kleinen Radioteleskopen kann die Strahlung der Sonne, der hellsten Radioquellen und die 21-cm-Strahlung aus der Milchstraße beobachtet werden. Hieraus lassen sich Schlussfolgerungen auf die Rotation der Spiralarme der Milchstraße ziehen.

Ausblick 5

5.1 Interferometrie

Die großen Radioteleskope der Wissenschaftseinrichtungen funktionieren für sich genommen nicht anders als in Kap. 3 beschrieben. Durch die wesentlich größere Antennenwirkfläche, die mit dem Quadrat des Durchmessers ansteigt, könnten mit einem 100-m-Radioteleskop im Vergleich zu einem 3-m-Spiegel Signale detektiert werden, die um den Faktor 1100 schwächer sind. Durch Verstärker mit geringeren Rauschtemperaturen, die z. B. durch Kühlung erreicht werden, kann eine weitere Steigerung der Empfindlichkeit erreicht werden. Bei entsprechend langer Integrationszeit und Bandbreite werden Beobachtungen von Quellen mit Intensitäten von Milli-Jansky und darunter möglich. Allerdings bleibt nach Gl. 3.1 die Winkelauflösung auf mehrere Bogenminuten begrenzt. Da der Durchmesser eines Radioteleskops nicht beliebig vergrößert werden kann, muss eine andere Technik zur Verbesserung des Auflösungsvermögens angewandt werden: die Interferometrie.

Das Prinzip zeigt schematisch Abb. 5.1. Die gleichzeitig empfangenen Signale von zwei (oder mehr) Radioteleskopen im Abstand der Basislinie B werden kombiniert, z. B. addiert oder multipliziert. Dadurch ergibt sich statt des breiten Antennendiagramms einer einzelnen Antenne ein Diagramm mit vielen einzelnen schmalen Keulen (Abb. 5.2). Der Winkelabstand der Maxima dieses Interferenzmusters ist durch das Verhältnis der Länge der Basislinie B zur Wellenlänge λ bestimmt. Je größer das Verhältnis B/λ ist, desto schmaler sind und desto dichter liegen die Keulen des gemeinsamen Diagramms. Da bei schräg stehenden Antennen wie in Abb. 5.1 die Wellen früher auf die Antenne, die in Empfangsrichtung vorne steht, auftreffen, muss das Signal dieser Antenne verzögert werden, damit jeweils dasselbe Interferenzmuster wie in Abb. 5.2 auftritt.

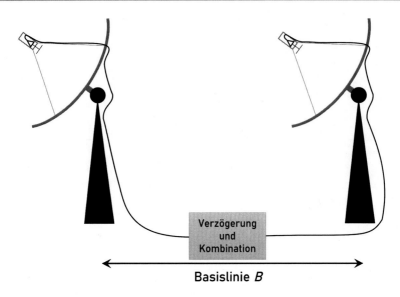

Abb. 5.1 Prinzip eines Radio-Interferometers mit zwei gleichen Antennen im Abstand B

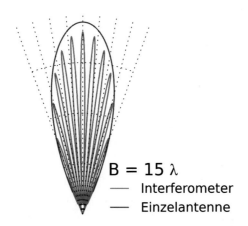

$$B = 15\,\lambda$$
—— Interferometer
—— Einzelantenne

Abb. 5.2 Antennendiagramm einer Einzelantenne und eines Interferometers bestehend aus zwei gleichen Antennen mit einer Basislinie von 15 Wellenlängen in Richtung senkrecht zur Basislinie

Da die Aufspaltung des Diagramms nur in der Richtung der Basislinie auftritt, benötigt man für eine zweidimensionale Abbildung einer Radioquelle
zwei Interferometer mit Basislinien, die senkrecht zueinander angeordnet sind,
d. h. mindestens 3 Radioteleskope. Um die Struktur einer Quelle vollständig
zu erfassen, sind außerdem unterschiedlich lange Basislinien erforderlich. Deshalb werden entweder viele Antennen längs unterschiedlicher Richtungen
platziert oder sind z. B. auf Schienen verschiebbar. Ein typisches Beispiel für ein
Radio-Interferometer ist das Very Large Array (VLA), Abb. 5.3, in New Mexico,
USA, das aus 27 aktiven Antennen mit jeweils 25 m Durchmesser besteht, die
entlang dreier Linien in Y-Form angeordnet sind. Der Abstand der Antennen kann
zwischen 1 und 37 km verändert werden. Im Frequenzbereich um 50 GHz ergibt
sich dadurch eine Winkelauflösung von 0,04 Bogensekunden. Im Vergleich zu
den etwa 0,9 Bogenminuten einer Einzelantenne nach Gl. 3.1 bedeutet dies eine
Verbesserung der Auflösung um den Faktor 1350.

Abb. 5.3 Das Very Large Array – Radiointerferometer mit insgesamt 27 aktiven Antennen.
(Credit: NRAO/AUI/NSF)

Für die Interferometrie ist es nicht erforderlich, dass die Signale der verschiedenen Antennen direkt beim Empfang miteinander kombiniert werden. Man kann sie auch einzeln aufzeichnen und später kombinieren. Dazu ist es allerdings erforderlich, dass Zeitsignale mit entsprechend hoher Genauigkeit, z. B. von Atomuhren, mit aufgezeichnet werden. Dann können die beteiligten Radioteleskope sogar auf unterschiedlichen Kontinenten stehen. Man spricht dann von „Very Long Baseline Interferometry" (VLBI). Die Winkeldistanz, die mit zwei Radioteleskopen in 7500 km Distanz aufgelöst werden kann, ist noch einmal etwa um einen Faktor 200 kleiner als beim VLA. Damit können die Strukturen kosmischer Quellen mit hoher Detailgenauigkeit untersucht werden. Eine noch größere Auflösung könnte erzielt werden, wenn Radioteleskope in das Weltall gebracht würden, wo man noch längere Basislinien realisieren und noch kürzere Wellenlängen verwenden könnte.

Da das überlagerte Signal bei Interferometern empfindlich vom genauen Abstand der Antennen abhängt, kann man mit VLBI mit Radioquellen wie z. B. Quasaren auch mehrere tausend Kilometer lange Basislinien genau vermessen. Damit kann sogar die Kontinentaldrift beobachtet werden, z. B. das jährliche Auseinanderdriften von Europa und Nordamerika um etwa 17 mm (Burke et al. 2019, S. 287). Radioteleskope werden deshalb auch für geodätische Präzisionsmessungen eingesetzt, z. B. das des Geodätischen Observatoriums Wettzell. Dort werden mit VLBI die Orientierung der Erde im Raum und deren Drehgeschwindigkeit wöchentlich bestimmt, um die Genauigkeit der Satellitennavigationssysteme zu gewährleisten.

5.2   Radioastronomische Forschung

Mit der Methode der Interferometrie ist es möglich, die Strukturen astronomischer Strahlungsquellen aufzulösen und darzustellen. Dadurch gelangen eine Reihe von Entdeckungen, die mit optischen Beobachtungen allein nicht möglich sind bzw. diese ergänzen. Einige davon wurden bereits in der Einführung (Abschn. 1.4) und als Beispiele für kosmische Quellen (Abschn. 2.5) erwähnt. Viele weitere Erkenntnisse aus der Geschichte der Radioastronomie und aus der aktuellen Forschung sind auf den Internetseiten der radioastronomischen Institute sowie der großen Radioteleskope zu finden, z. B. des Max-Planck-Instituts für Radioastronomie in Bonn, des Jodrell Bank Centre for Astrophysics der Universität Manchester und des US-amerikanischen National Radio Astronomy Observatory. Eine Liste der Radioteleskope findet man in Wikipedia. Aktuelle

(2019–2020) Veröffentlichungen und Pressemitteilungen der genannten Institutionen beschäftigen sich z. B. mit der Messung der Windgeschwindigkeit auf einem Braunen Zwergstern, mit Details des Quasars 3C 279, mit Akkretionsscheiben um Sterne, in denen Planeten entstehen, mit massiven Neutronensternen, Radiostrahlungs-Ausbrüchen, Pulsaren, der Zerstörung eines Sterns im Gravitationsfeld eines supermassiven Schwarzen Lochs, mit detaillierten Untersuchungen zum Schwarzen Loch im Zentrum unserer Milchstraße sowie mit der Überprüfung von Vorhersagen der allgemeinen Relativitätstheorie und kosmologischer Modelle. Dies zeigt beispielhaft das weite Feld radioastronomischer Forschung, die zu praktisch allen Fragestellungen der modernen Astronomie, Kosmologie und Physik beiträgt. Die Forschungsgegenstände der modernen Radioastronomie liegen insbesondere in folgenden Bereichen (Burke et al. 2019, Teil III):

- Eigenschaften der Sonne und ihrer Dynamik, z. B. Strahlungsausbrüche,
- Eigenschaften der Sonnen-Korona,
- Erforschung der Planeten durch Radarmessungen, Bestimmung von Oberflächentemperaturen der Planeten, Messung der Strahlung aus ihren Magnetfeldern (insbesondere bei Jupiter),
- Erforschung der thermischen und nicht-thermischen Strahlung von Sternen, von Staubwolken und Akkretionsscheiben,
- Molekülwolken um Sterne, insbesondere „Rote Riesen", in denen Strahlung durch stimulierte Übergänge in OH, H_2O, CH_3OH und SiO erzeugt wird (MASER),
- Sternexplosionen (Novae, Supernova-Überreste),
- Röntgendoppelsterne,
- Spiralstrukturen der Milchstraße und anderer Galaxien, Rotationskurven,
- Untersuchung des Milchstraßenzentrums (Schwarzes Loch, Zentrale Molekulare Zone),
- Magnetfelder in der Milchstraße und in anderen Galaxien,
- Struktur, Magnetfelder, Rotation von Neutronensternen (Pulsaren),
- Abstrahlung von Gravitationswellen durch Doppel-Neutronensterne,
- Aktive galaktische Kerne mit supermassiven Schwarzen Löchern (Quasare, Radiogalaxien, Blazare),
- Eigenschaften der kosmischen Hintergrundstrahlung, Temperatur-Anisotropie, Winkelverteilung, Polarisation, und daraus die Ableitung kosmologischer Größen,
- Beobachtung von Gravitationslinsen.

5.3   Eigener Einstieg in die Radioastronomie

Neben der Forschung an Universitäten und Großforschungseinrichtungen sind
grundlegende radioastronomische Beobachtungen auch für interessierte Laien
möglich. Es gibt eine Reihe von Vorschlägen im Internet, wie man einfache
Radioteleskope aufbauen kann und damit z. B. die Strahlung der Sonne und
die 21-cm-Strahlung des Wasserstoffs beobachten kann (Fritsche et al. 2006;
Leech 2013; Ebersberger 2017). Einige als Forschungseinrichtung außer Dienst
gestellte Radioteleskope werden durch Vereine weiter betrieben und können
besucht werden (Astropeiler Stockert, Radioteleskop Dwingeloo, Niederlande).
Auch einige Volkssternwarten betreiben Radioteleskope und führen Besucher
in die Radioastronomie ein (Abb. 1.6, Kap. 4). Einen Überblick über die Aktivi-
täten im deutschsprachigen Raum gibt die Fachgruppe Radioastronomie der Ver-
einigung der Sternfreunde VdS auf ihrer Website. Dort finden sich auch Links
zu Radioastronomie-Versuchen, die mit Amateurmitteln durchgeführt werden
können. Eine weitere einfache Möglichkeit des Einstiegs in die Radioastronomie
bieten Web-Empfänger für radioastronomische Signale. Ein über das Internet
zugängliches 2,3-m-Radioteleskop für die 21-cm-Strahlung („SALSA"), mit dem
man nach Voranmeldung kostenlos eigene Messungen durchführen kann, befindet
sich am schwedischen Weltraum-Observatorium in Onsala.

Zusammenfassung

Durch Interferometrie kann eine wesentlich höhere Auflösung als mit einzelnen Radioteleskopen erzielt werden. Dadurch kann die radioastronomische
Forschung zu vielen aktuellen Fragen der Astronomie, Kosmologie und Physik
beitragen.

Aber auch jenseits der Forschung gibt es viele Möglichkeiten, sich mit
Radioastronomie zu beschäftigen.

Quellen und Literatur

Allgemeine Einführungen in die Astronomie (Auswahl)

Hanslmeier, Arnold 2016. Faszination Astronomie, Berlin, Heidelberg: Springer, 2. Aufl.
Hanslmeier, Arnold 2014. Einführung in Astronomie und Astrophysik, Berlin, Heidelberg: Springer, 3. Aufl.
Voigt, Hans-Heinrich 2012. Abriss der Astronomie, Herausgeg. von H.-J. Röser und W. Tscharnuter, Weinheim: Wiley-VCH, 6. Aufl.

Bücher zur Radioastronomie (Auswahl)

Kraus, J.D. 1966. Radio Astronomy, New York: McGraw-Hill
Burke, Bernard F., Francis Graham-Smith, Peter N. Wilkinson 2019. An Introduction to Radio Astronomy, Cambridge: Cambridge University Press, 4. Aufl.
Wilson, Thomas, Susanne Hüttemeister 2013. Tools of Radio Astronomy: Problems and Solutions, Berlin, Heidelberg: Springer.
Marr, Jonathan M., Ronald L. Snell, Stanley E. Kurtz 2015. Fundamentals of Radio Astronomy: Observational Methods, Boca Raton: CRC Press.
Snell, Ronald L., Stanley Kurtz, Jonathan Marr 2019. Fundamentals of Radio Astronomy: Astrophysics, Boca Raton: CRC Press.
Condon, James J., Scott M. Ransom 2016. Essential Radio Astronomy, Princeton: Princeton University Press, (auch online: https://science.nrao.edu/opportunities/courses/era).
Baars, Jacob W.M., Hans J. Kärcher 2018. Radio Telescope Reflectors, Historical Development of Design and Construction, Berlin, Heidelberg: Springer.

© Der/die Herausgeber bzw. der/die Autor(en), exklusiv lizenziert durch
Springer Fachmedien Wiesbaden GmbH, ein Teil von Springer Nature 2020
T. Lauterbach, *Radioastronomie, essentials,*
https://doi.org/10.1007/978-3-658-31415-6

Zu Kapitel 1

Algeo, John, Adele S. Algeo (Hrsg.) 1993. Fifty Years Among the New Words: A Dictionary of Neologisms 1941–1991, Cambridge: Cambridge University Press.

Bahr, Charles, Marcus Weldon, Robert W. Wilson 2014, The Discovery of Cosmic Microwave Background, Bell Labs Technical Journal, Vol. 19, p. 1.

Bouman, Katherine L. 2020. Portrait of a Black Hole, IEEE Spectrum, February 2020, p. 22.

Haystack Small Radio Telescope, https://www.haystack.mit.edu/edu/undergrad/srt/index. html, zugegriffen 23.03.2020.

https://www.mpifr-bonn.mpg.de/geschichte, zugegriffen 23.03.2020.

Kraus, John D. 1964. Recent Advances in Radio Astronomy, IEEE Spectrum, September 1964, p. 78.

Mezger, Peter G. 1984. 50 Years of Radio Astronomy, IEEE Transactions on Microwave Theory and Techniques, Vol. MTT-32, No. 9, September 1984.

Nesti, Renzo 2019. 1933: Radio Signals from Sagittarius, IEEE Antennas & Propagation Magazine, August 2019, p. 109.

Poppe, Martin 2015. Die Maxwellsche Theorie, Wiesbaden: Springer essentials.

„radio and radar astronomy." Britannica Academic, Encyclopædia Britannica, 17 Aug. 2018, academic.eb.com/levels/collegiate/article/radio-and-radar-astronomy/62411, zugegriffen 5. Nov. 2019.

Stephan, Karl D. 1999. How Ewen and Purcell discovered the 21-cm Interstellar Hydrogen Line, IEEE Antennas and Propagation Magazine, Vol. 41, No. 1, February 1999.

Zu Kapitel 2

https://www.swpc.noaa.gov/products/solar-cycle-progression, zugegriffen 28.3.2020.

Zu Kapitel 3

Heuberger, Albert, Eberhard Gamm 2017. Software Defined Radio-Systeme für die Telemetrie : Aufbau und Funktionsweise von der Antenne bis zum Bit-Ausgang, Berlin, Heidelberg: Springer

Kalberla et al. 2005: Leiden/Argentine/Bonn (LAB) survey, https://doi.org/10.1051/0004-6361:20041864.

Kark, Klaus W. 2010. Antennen und Strahlungsfelder, Wiesbaden: Vieweg+Teubner, 3. Aufl.

Welch, Peter D. 1967. The Use of Fast Fourier Transform for the Estimation of Power Spectra: A Method Based on Time Averaging Over Short, Modified Periodograms. IEEE Transactions on Audio and Electroacoustics, Vol. AU-15, No. 2, June 1967, p. 70.

Zu Kapitel 4

https://www.spaceweather.gc.ca/solarflux/sx-en.php, zugegriffen 05.05.2020.

Ebersberger, Johannes 2020. Ein tiefer Blick in die Milchstraße, Sterne und Weltraum, Mai 2020, S. 74.

Oort, J.H. 1959. A summary and assessment of current 21-cm results concerning spiral and disk structures in our galaxy, Paris Symposium on Radio Astronomy, IAU Symposium no. 9 and URSI Symposium no. 1, held 30 July – 6 August, 1958. Edited by Ronald N. Bracewell. Stanford, CA: Stanford University Press, p. 409.

Zu Kapitel 5

Ebersberger, Johannes 2017. Vom Garten in die Galaxis, Sterne und Weltraum, September 2017, S. 64.

Fritzsche, Berndt, Frank Haiduk und Uwe Knöchel 2006. Ein kompaktes Radioteleskop für Schulen, Sterne und Weltraum Dezember 2006, S. 74.

http://radioastronomie.vdsastro.de, zugegriffen 05.05.2020.

http://www.jodrellbank.manchester.ac.uk/news-and-events/, zugegriffen 05.05.2020.

https://astropeiler.de/, zugegriffen 05.05.2020.

https://de.wikipedia.org/wiki/Liste_der_Radioteleskope_und_Forschungsfunkstellen, zugegriffen 05.05.2020.

https://public.nrao.edu/telescopes/vla/, zugegriffen 05.05.2020.

https://public.nrao.edu/news/, zugegriffen 05.05.2020.

https://vale.oso.chalmers.se/salsa/welcome, zugegriffen 05.05.2020.

https://www.bkg.bund.de/DE/Observatorium-Wettzell/Messverfahren/Radiointerfero-metrie/radiointerferometrie_cont.html, zugegriffen 05.05.2020.

https://www.camras.nl/en/, zugegriffen 05.05.2020.

https://www.mpifr-bonn.mpg.de/pressemeldungen zugegriffen 05.05.2020.

Leech, Marcus 2013, A 21 cm Radio Telescope for the Cost-Conscious, https://www.rtl-sdr.com/rtl-sdr-for-budget-radio-astronomy/, zugegriffen 05.05.2020.

VdS-Journal für Astronomie, Nr. 71 (4/2019), Schwerpunktthema Radioastronomie.

Printed in the United States
By Bookmasters